Walter Kromm

DIE KRAFT DER GUTEN GEFÜHLE

Walter Kromm

DIE KRAFT DER GUTEN GEFÜHLE

:

Ein Unternehmen berät sich selbst

Vorgeschichte zu diesem Buch

Vor einiger Zeit reiste ich mehrmals zu einem in der Schweiz ansässigen Unternehmen, um vor den Führungskräften zum Thema „Erfolgreich und gesundheitsförderlich arbeiten" zu referieren. Nach der letzten Veranstaltung konfrontierte man mich mit der Frage: „Herr Kromm, wir haben in unserem Unternehmen nicht nur 500 Führungskräfte, sondern viele Tausend Mitarbeiter. Was können wir tun, um alle diese Menschen bei dem Ziel, das Miteinander im Unternehmen gelingender zu gestalten, besser mit einbeziehen zu können?"

Diese Frage brachte mich ins Grübeln und die Überlegungen reiften schließlich zum Entschluss. Ich nahm mir vor, ein Buch zu schreiben, das sich nicht nur an Führungskräfte richtet, sondern an alle Menschen, die in einem Unternehmen arbeiten.

Das Ergebnis halten Sie nun in der Hand.

Ich wünsche Ihnen viel Freude beim Lesen und ein gelingendes Miteinander in Ihrem Unternehmen.

Über dieses Buch

In diesem Buch wird die Geschichte eines Unternehmens erzählt, das „gesund" werden möchte.

Gesund in Bezug auf seine Zukunftsfähigkeit und gesund in Bezug auf die Menschen, die das Unternehmen ausmachen. Beides sind zwei Seiten derselben Medaille. Die Wohltaten des „Betrieblichen Gesundheitsmanagements" können richtig und wichtig sein. Solange aber das „Betriebliche Miteinander" nicht gelingt, verpuffen selbst Aktivitäten, die direkt aus einer Kurklinik stammen könnten.

Das ist Ilmo, der pfiffige Held dieses Buches.

Ilmo, seine Kollegen und die Unternehmensführung erkennen Schritt für Schritt, wie man langfristig erfolgreich und produktiv miteinander arbeiten kann. Ein Arzt
hilft ihnen dabei, ihren Blickwinkel für die Gesundheit
des Unternehmens so zu erweitern, dass sie sich am Ende
selbst beraten können.

ISBN 978-3-00-053781-3

Inhalt

1. Ein Unternehmen möchte „gesund" werden   13
     1.1. Etwas „Gesundes" unternehmen   13
     1.2. Führung ist wichtig   21

2. Ein Workshop soll es richten   27
     2.1. Ilmo wird neugierig   28
     2.2. Der Workshop beginnt   31

3. Wechsel der Perspektive   37
     3.1. Sehen, was man sonst nicht sieht   38
     3.2. Wundersame Verwandlung   46

4. Eine Frage der Balance   50
     4.1. Durch zu viel „Gesundes" die Gesundheit   50
        nicht aus den Augen verlieren
     4.2. Anforderungen und Ressourcen   56

5. Was gibt Menschen Kraft?   65
     5.1. Was wir brauchen   66
     5.2. Veränderung mit großer Wirkung   82

6. Wir können uns ändern   85
     6.1. Vom Vorgesetzten zur Führungskraft   86
     6.2. Vom Mitarbeiter zum Mitgestalter   87

7. Das Leben ist ein Tauschgeschäft 91
   7.1. Die Regeln des Miteinanders 91
   7.2. Gesundes und produktives Arbeiten 97

8. Die Fallstricke in unserem Kopf 101
   8.1. Alles passiert den Speicher der Gefühle
      und Erfahrungen 101
   8.2. Raus aus der Falle 105

9. Die Chancen in unserem Kopf 109
   9.1. Auf der Suche nach dem Geheimnis
      des Gelingens 109
   9.2. Erinnern Sie sich? 113
   9.3. Was sagt die Geschichte? 119
   9.4. Das Briefgeheimnis wird gelüftet 121

10. Vom Wissen zum Handeln 123
   10.1. Der Blickwinkel ist erweitert 123
   10.2. Die Welt verändert sich 127
   10.3. Was nun? 129

11. Das Unternehmen berät sich selbst 131
   11.1. Betriebliches Miteinander-Management 131
   11.2. Wünsche können wahr werden 134
   11.3. Bedienungsanleitung für ein Vermögen 136

12. Markt und Menschen gerecht werden   140

   12.1. Auf das höchste Gut einwirken   141

   12.2. Sich selbst beraten, zahlt sich aus   147

1. Ein Unternehmen möchte „gesund" werden

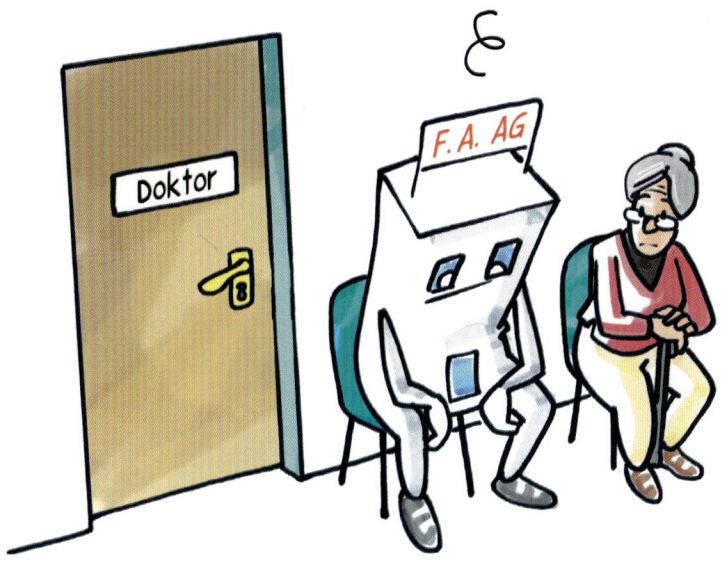

1.1. Etwas „Gesundes" unternehmen

- *Ilmo geht es nicht gut*
- *Die Gesundheit managen*
- *Fehltage kosten Geld*
- *Die Qualität der Anwesenheit bleibt verborgen*
- *Wo ist die Verbundenheit?*
- *Prämien sollen helfen*

Ilmo geht es nicht gut. Was ist passiert, warum fühlt sich Ilmo nicht gut?

Nun, Ilmo verbringt einen großen Teil seiner Zeit am Arbeitsplatz. Früher machte ihm die Arbeit richtig Spaß und er ging gerne hin. Die Arbeit war eher eine willkommene Herausforderung als eine Last, die man gerne los wäre. So sehr er damals sein freies Wochenende mochte, so sehr freute er sich auch auf den Montag, auf den Beginn einer neuen Arbeitswoche. Ilmo mochte diese Montage.

So erhielt er auch seinen Namen: **I** like **Mo**ndays – **I**ch **l**iebe **Mo**ntage, das ergibt Ilmo. Aber am Arbeitsplatz ist es nicht mehr so wie früher. Die Zeit der Vorfreude auf die Montage ist leider vorbei. Ilmos Kollegen geht es kaum anders. Für immer mehr Mitarbeiter seiner Firma ist die Arbeit nur noch eine Tätigkeit, die sie leisten, weil sie Geld verdienen müssen. Warum nur ist alles nicht mehr so, wie es einmal war? Was war früher anders als heute, als es noch kein „Betriebliches Gesundheitsmanagement" gab und dennoch fast niemand krank war? Als man sich – ganz anders als heute – auf die Arbeit freute. Ilmo fragt sich, warum heute jeder beispielsweise über Burn-out redet. Früher kannte man noch nicht einmal das Wort.

Die Gesundheit managen

Ilmos Arbeitgeber bemüht sich, etwas für die Gesundheit der Mitarbeiter zu tun. Es gibt sogar eine Abteilung für „Betriebliches Gesundheitsmanagement". Irgendwann hatte die Geschäftsführung entschieden, das „Betriebliche Gesundheitsmanagement" einzuführen. Ilmo ist nicht ganz klar, ob man das machte, weil es andere Firmen auch machen, oder weil man gemerkt hatte, dass man etwas für das Befinden der Mitarbeiter tun müsse. Wie dem auch sei: Der Chef der Personalabteilung bekam den Auftrag, das „Betriebliche Gesundheitsmanage-

ment" aufzubauen. Man wollte also die Gesundheit im Unternehmen „managen". Die Mitarbeiter des Personalchefs googelten dann den Begriff „Gesundheit" und landeten bei Ernährung und Bewegung. Dann wurden sogenannte Experten eingeladen und ein Gesundheitsprogramm entwickelt. Das Essen in der Kantine soll nun sehr gesund sein. Prall gefüllte Obstkörbe stehen bereit, denn Vitamine sollen laut Recherche besonders wichtig sein. Es gibt Gutscheine für das nahegelegene Fitness-studio und Betriebssportgruppen. Es war sogar schon ein „Ernährungsexperte" da, der allen erklärte, was gesund sei und was man nur mit Vorsicht essen solle. Ilmos Freund erzählt ihm, dass in seinem Unternehmen ein „Gesundheitsexperte" vorgetragen hat. Dieser habe so viele Risikofaktoren aufgezeigt, dass er sich jetzt kaum noch traue, das zu essen, was ihm wirklich schmeckt und auch gut bekommt.

Die Bürostühle in der Verwaltung wurden gegen rücken-schonende Stühle ausgetauscht, die nach neuesten ergonomischen Erkenntnissen gefertigt wurden. In der Führungsetage gibt es jetzt ein rotes Sofa. Dort kann man sich ausruhen. Seit sich aber der Geschäftsführer dort nicht mehr hinsetzt, machen das auch die Angestellten nicht mehr. Es könnte ja jemand denken, man habe nichts zu tun.

Irgendwie findet Ilmo die Aktivitäten des „Betrieblichen Gesundheitsmanagements" gut. Es ist immer gut, denkt er, wenn man den Mitarbeitern das Gefühl gibt, etwas für sie tun zu wollen. Dennoch ist die Atmosphäre am Arbeitsplatz schlecht. Irgendwie ist vom Spaß an der Arbeit im ganzen Betrieb nichts mehr zu spüren. Und trotz größter Anstrengungen, etwas „Gesundes" zu unternehmen, steigt die Zahl der krankheitsbedingten Fehltage.

Fehltage kosten Geld

Jetzt kümmert sich das Unternehmen sogar vermehrt um die Mitarbeiter, die erkrankt sind. Es werden auch Gespräche geführt, wenn ein Kollege nach langer Erkrankung wieder zur Arbeit kommt. Das lohnt sich auf jeden Fall, denn die Lohnfortzahlung für erkrankte Kollegen kostet das Unternehmen viel Geld.

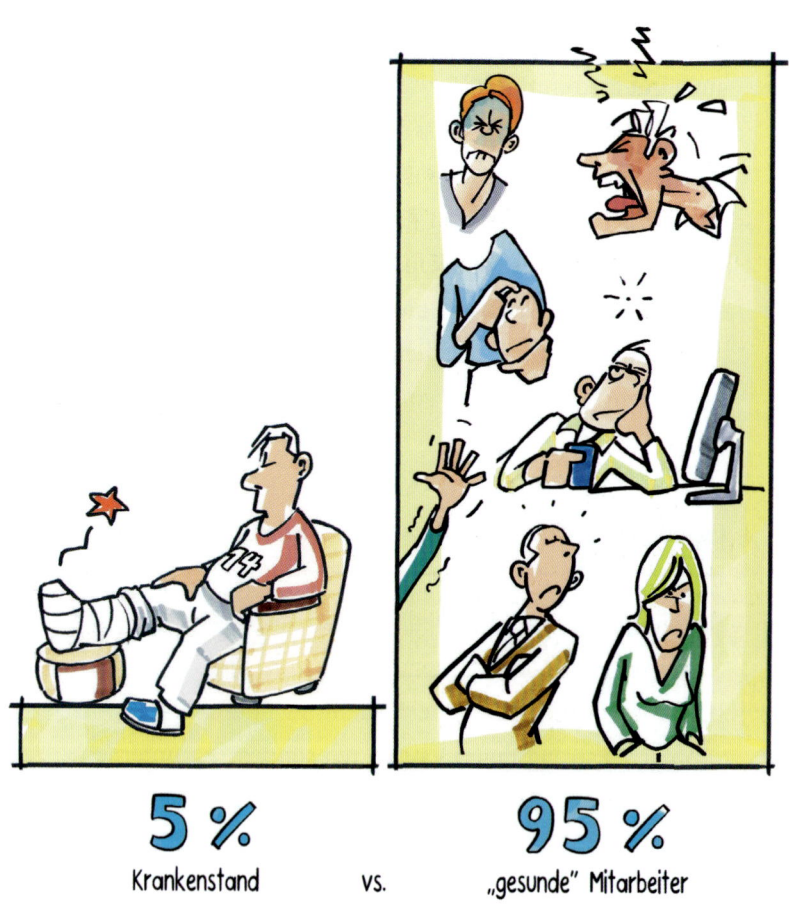

5 %
Krankenstand

vs.

95 %
„gesunde" Mitarbeiter

Die Qualität der Anwesenheit bleibt verborgen

Wenn man immer nur die Fehltage misst, denkt Ilmo, dann misst man bestenfalls die Krankheiten. Aber was ist mit denjenigen, die anwesend sind? Sind sie mit Herz und Verstand bei der Sache oder machen sie nur das, was unbedingt sein muss? Wie hoch ist die Qualität ihrer Anwesenheit?

Wo ist die Verbundenheit?

Ilmos Kollegen erinnern sich noch gut an die Ergebnisse aus früheren Befragungen. Vor fünf Jahren gaben weniger als zwanzig Prozent der Mitarbeiter an, sich mit dem Unternehmen emotional verbunden zu fühlen. Vor zwei Jahren waren es auch nicht mehr geworden.

Wenn das stimmt, vermutet Ilmo, dann wird wahrscheinlich auch keine gute Arbeit geleistet. Letztlich kostet das wohl ein Vermögen! Wenn das keine Krise ist, denkt Ilmo. Er hat sich schon oft mit seinen Kollegen über die bedenklichen Befragungsergebnisse unterhalten. Einer kommentiert sie so: „Krisen entstehen und bleiben, wenn sich etwas ändern müsste, sich aber dennoch nichts ändert." Nach diesen schlechten Befragungsergebnissen entschied damals die Geschäftsführung, dass das Unternehmen das „Betriebliche Gesundheitsmanagement" einführt.

Prämien sollen helfen

Das Unternehmen hat sogar Leistungsprämien eingeführt. Es gibt jetzt Prämien, wenn man nicht krank ist. Ilmo wundert sich darüber: Was soll es bringen, wenn ein wirklich Kranker nur deshalb zur Arbeit kommt, um irgendeine Prämie nicht zu verlieren? Schon viel länger gibt es auch Prämien, wenn man Leistungsziele erreicht oder gar übertrifft.

Wäre die Stimmung anders, bräuchte man die Prämien vielleicht gar nicht, geht es Ilmo durch den Kopf. Deshalb zweifelt er daran, dass man ein Unternehmen alleine dadurch gesünder machen kann, indem man irgendetwas „Gesundes" tut oder Leistungsprämien einführt. Irgendetwas fehlt da noch, denkt Ilmo. Aber er weiß nicht, was. Was seinem Unternehmen wirklich helfen könnte, gesünder zu werden, scheint noch im Verborgenen zu liegen. Es muss doch etwas Besseres geben als finanzielle Anreize und Aktivitäten, die besser in eine Kurklinik passen als an den Arbeitsplatz!

1.2. Führung ist wichtig

- *Führen und Abseilen*
- *Gespräche führen oder miteinander reden?*
- *Vom WIR zum SIE*
- *Sicherer Stammplatz – kein Team*
- *Ilmo als Fußballtrainer*
- *Ein neues Projekt*

Führen und Abseilen

Im Unternehmen hat man sich in den letzten Jahren viel mit dem Thema Führung beschäftigt. Auch wenn jemand viel weiß, fleißig ist und abends spät heimgeht, muss er oder sie noch lange keine gute Führungskraft sein. „Führen mit Wertschätzung" ist das große Thema. Deshalb hören die Führungskräfte des Unternehmens viele Vorträge über Menschenführung und besuchen Seminare. Einmal waren sie sogar in den Bergen, um gemeinsam zu klettern und sich abzuseilen. Das sei gut für das wechselseitige Vertrauen. Ilmo findet das auch gut und sinnvoll.

Dennoch hat er nicht den Eindruck, dass sich dadurch nachhaltig etwas in seinem Unternehmensbereich ändert. Als einmal sein neuer Vorgesetzter von einem solchen Lehrgang zurückkam, versuchte er, jeden im Team mindestens einmal am Tag zu loben. Nach kurzer Zeit aber war diese Phase wieder vorbei.

Gespräche führen oder miteinander reden?

Eines Tages kommt Ilmos Vorgesetzter vorbei und fragt ihn: „Ilmo, können wir uns demnächst für eine Stunde zusammensetzen?" Nachdem Ilmos Führungskräfte vor zwei Jahren auf einer Fortbildung waren, wurden nämlich Mitarbeitergespräche eingeführt. Offensichtlich ist der Termin wieder fällig. Hm, denkt Ilmo, was soll das denn bringen? Früher hat er sich fast täglich mit seinem Vorgesetzten ausgetauscht. Heute hat man keine Zeit mehr, miteinander zu reden. Auch die lockeren Gespräche nach Feierabend, wenn man außerhalb des Büros noch etwas zusammensaß, gibt es nicht mehr.

Letztes Jahr fand Ilmo das Mitarbeitergespräch interessant. So viel Aufmerksamkeit von seinem Chef hatte er lange nicht mehr bekommen. Er konnte sich einmal alles von der Seele reden. Aber gebracht hat es im Nachhinein auch nicht viel. Zumindest hat Ilmo keine Veränderung bemerkt. Der Chef und Ilmo verabreden sich für den nächsten Freitag. Da sitzen sie nun zusammen.

Der Chef überfliegt kurz das Gesprächsprotokoll vom letzten Jahr und stellt Ilmo Fragen, die nach Routine klingen. Er spricht über Ziele, Inhalte und Formen ihrer gemeinsamen Arbeit. Dann macht er Notizen für das neue Protokoll. Danach sagt er: „So, die Personalabteilung kann jetzt zufrieden sein."

Es wäre wohl besser, wenn ich zufrieden wäre, denkt Ilmo. Viel lieber wäre es ihm nämlich, wenn statt verordneter Mitarbeitergespräche im Verlauf des Jahres genug Zeit bliebe, öfter miteinander zu reden. Obwohl der Chef sehr getrieben wirkt, nimmt er sich doch noch die Zeit für einige Fragen: „Ilmo, wie geht es Ihnen sonst? Was sollte ich wissen? Gibt es etwas, was Ihnen am Herzen liegt?

„Manchmal kommt es mir vor, dass diese Gespräche nur dazu dienen, die Führungskräfte außen vor zu lassen." „Wie meinen Sie das?", fragt der Vorgesetzte. „Na ja", antwortet Ilmo, „die Führungsmodelle sind so strukturiert und organisiert, dass Handlungen der Mitarbeiter immer mit schuldbefreiender Wirkung nach oben zielen. Die Vorgesetzten fungieren nur noch als Controller und nicht als Helfer. Nicht WIR haben gemeinsam eine Verantwortung, sondern SIE entscheiden. Merken Sie das nicht?", fragt Ilmo, „Wir haben eine Änderung der Kommunikation vom WIR zum SIE. So entsteht eine komplette Verschiebung der Verantwortung von oben nach unten." „Hm, darüber muss ich nachdenken", sagt der Vorgesetzte. „Haben Sie sonst noch etwas auf dem Herzen?", fragt er weiter.

Sicherer Stammplatz – kein Team

Ilmo antwortet: „Wissen Sie, jeder arbeitet für sich selbst und schottet sich ab. Das war früher anders, als wir noch kein so großes Unternehmen waren. Darf ich Ihnen einmal meine ehrliche Meinung sagen?"

„Ja", ermuntert ihn der Chef, „nur zu!" „Wissen Sie", sagt Ilmo, „bei uns hier im Unternehmen ist so viel Sand im Getriebe und wir haben keine Zeit, die Sandkörner zu entfernen." „Wie meinen Sie das?", fragt der Chef verwundert. „Na ja, nur noch wenigen liegt das Wohl des

Unternehmens so richtig am Herzen. Manchmal kommt es mir vor wie bei einer Fußballmannschaft, bei der kaum noch einer für den Sieg kämpft. Zwar möchte jeder einen sicheren Stammplatz haben, aber die Verbundenheit mit dem Verein ist nur noch bei wenigen zu spüren." „Das müssen Sie mir näher erklären", sagt der Chef.

Ilmo als Fußballtrainer

„Nun, ich trainiere die Fußballmannschaft meines zehnjährigen Sohnes. Meine Aufgabe ist es, bei den Jungs die Freude am Fußballspielen zu wecken und sie da einzusetzen, wo sie ihre Fähigkeiten am besten ausspielen können. Ich muss die Tore nicht schießen! Ich sollte ihnen aber beibringen, wie sie sich gegenseitig die Bälle zuspielen, um dann viele Tore zu schießen. Auch sollte ich ihnen beibringen, den Ball wieder zurückzuerobern, wenn ein Mitspieler ihn verloren hat.

Glauben Sie ernsthaft, wenn ich einmal im Jahr ein Trainer-Spieler-Gespräch führe und das Protokoll dann an die Vereinsleitung weiterreiche, natürlich mit Kopie an die Eltern der jungen Spieler, dass die Kinder dann mehr Lust am Toreschießen hätten oder mehr Lust, verlorene Bälle wieder zurückzuerobern?"

Der Chef wird kurz nachdenklich, schaut auf die Uhr und versucht Ilmo zu beruhigen: „Sie wissen ja, die Geschäftsleitung hat das Problem erkannt. Wir haben seit einem Jahr ein ‚Betriebliches Gesundheitsmanagement‘ und wir haben auch schon viel für die Gesundheit der Mitarbeiter getan. Wir wollen das Programm jetzt weiterentwickeln und haben uns dem Projekt eines Instituts angeschlossen. Das Institut nennt sich

3 G: Gefühle – Gesundheit – Gewinn.“

2. Ein Workshop soll es richten

Wo liegt der Schlüssel für
ein „gesundes" Unternehmen?

2.1. Ilmo wird neugierig

- *Wieder einmal Fragebögen*
- *Keine Lust auf Risikofaktoren*
- *Ilmo ändert seine Meinung*

Wieder einmal Fragebögen

Eines Tages bekommt Ilmo dann eine Einladung zu einem Workshop. Das Projekt heißt „Gefühle – Gesundheit – Gewinn". Das ist es wohl, was mein Chef in unserem Gespräch angedeutet hat, denkt Ilmo.

Im Vorfeld sollen alle Mitarbeiter einen Fragebogen ausfüllen. Oh je, stöhnt Ilmo, schon wieder ein Fragebogen. Wir hatten vor fünf Jahren eine Fragebogenaktion, wir hatten eine vor zwei Jahren. Danach gab es gefühlte tausend Grafiken, die die Ergebnisse sichtbar machen sollten. Zum Besseren verändert hat sich dadurch nichts. Warum also schon wieder Fragebögen? Ähnlich denken auch seine Kollegen.

Viele haben bei der letzten Befragung nur schnell ihr Kreuzchen gesetzt, weil sie ohnehin nicht an den Sinn der Fragerei glauben. Themen, die das Unternehmen betreffen, kann man nicht mit Fragebögen lösen! Darin sind sich Ilmo und seine Kollegen einig. Aber die Geschäftsleitung verspricht, dass man sich dieses Mal ernsthaft mit den Resultaten der Befragung auseinandersetzen will.

Keine Lust auf Risikofaktoren

Ilmo ist nicht motiviert, den Fragebogen auszufüllen, und er hat auch kein Interesse, den Workshop zu besuchen. Was ihn abschreckt, ist die Ankündigung, dass ein

Arzt den Workshop leiten wird. Er will nichts mehr über Krankheiten und Risikofaktoren hören. Nach wie vor isst er, was ihm schmeckt und was ihm gut bekommt, und nicht das, was die sogenannten Experten des „Betrieblichen Gesundheitsmanagements" ihm raten. Erst neulich war er bei einem Arzt und beklagte sich darüber, dass er sehr viel Stress am Arbeitsplatz habe und dass ihm die Arbeit dort keinen Spaß mehr mache. Der Arzt riet Ilmo dazu nur, dass er sich ein dickeres Fell zulegen sollte.

Ilmo ändert seine Meinung

Ilmo hat überhaupt keine Lust auf einen Vortrag mit Risikofaktoren und Ratschlägen, die einem die Freude am Leben nehmen. Auch Sätze wie „Alles soll besser werden" hat er schon genug gehört. Vielmehr würde er gerne einmal erleben, dass sich aus Sätzen, die jeder gut findet, auch konkrete Handlungen ableiten lassen, damit endlich Verbesserungen wirksam werden. Als er das Einladungsschreiben für das neue Projekt überfliegt, stößt er auf den Titel des Impulsvortrages:

Die Kraft der guten Gefühle
– Medizin für Ihr Unternehmen

„Wow", denkt er, „das klingt ganz anders als die Überschriften der Vorträge, die ich bisher zum Thema Gesundheit im Unternehmen zu hören bekam. Sollte ich vielleicht doch an dem Workshop teilnehmen?"
Ilmo wird neugierig und gibt die Hoffnung noch nicht ganz auf, dass sich im Unternehmen etwas zum Besseren ändern könnte. So entschließt er sich doch, zusammen mit seinen Kollegen an der Veranstaltung teilzunehmen.

2.2. Der Workshop beginnt

- *Das Thema ist wichtig – der Chef hat einen Termin*
- *Zahlenwirrwarr mit ernüchternden Ergebnissen*
- *Der Arzt stellt sich vor*
- *Gesundheit und die Freude an der Arbeit*
- *Ein Briefgeheimnis*
- *Schlüssel gesucht*

Als Ilmo und seine Kollegen den Raum betreten, sind schon einige Personen da, unter anderem eine junge Dame und der angekündigte Arzt. Die Dame ist im Institut für das Projekt „Gefühle – Gesundheit – Gewinn" zuständig. Der Arzt berät und unterstützt das Institut dabei. Auch der Geschäftsführer von Ilmos Firma ist schon vor Ort.

Das Thema ist wichtig – der Chef hat einen Termin

Als sich 25 Kollegen und Kolleginnen eingefunden haben, tritt der Geschäftsführer vor die Anwesenden. Er begrüßt sie und betont die Bedeutsamkeit der Workshop-Thematik für das Unternehmen. Mit Bedauern verkündet er anschließend, dass er leider nicht bleiben kann, da er einen wichtigen Termin hat. Er wünscht allen eine gelingende Veranstaltung. Der Arzt begleitet den Geschäftsführer hinaus.

Zahlenwirrwarr mit ernüchternden Ergebnissen

Jetzt tritt die Dame vom Institut an das Rednerpult, um die Ergebnisse der im Vorfeld durchgeführten Befragung vorzutragen. Ilmo kann zunächst mit den vielen Zahlen und Grafiken nur wenig anfangen. Eines bleibt ihm aber in Erinnerung, nämlich dass die Führungskräfte des Hauses grundlegende Fragen zum inneren Gefüge des Unternehmers viel positiver sehen als die Arbeiter und Angestellten. Das Ausmaß der Verbundenheit mit dem Unternehmen ist – ähnlich wie bei den früheren Befragungen – bedenklich niedrig.

Für Ilmo ist das der klare Beweis, dass die Geschäftsführung und das „Betriebliche Gesundheitsmanagement" ein grundsätzliches und schwerwiegendes Problem im Unternehmen bisher noch nicht lösen konnten.

Der Arzt stellt sich vor

Der Arzt berichtet, wie sein beruflicher Werdegang ihn immer wieder an die Schnittstelle zwischen medizinischen und betriebswirtschaftlichen Themen geführt hat. In seinem Medizinstudium habe er sehr viel über Krankheiten gelernt. Das Merkmal eines Arztes sei, dass er sich kranken Menschen zuwende. Später habe er noch dazu ein Public-Health-Studium absolviert. „Was ist das denn?", fragt Ilmo. „Nun", antwortet der Arzt und fährt nach kurzem Überlegen fort: „Lassen Sie es mich vielleicht so erklären: Bei der Medizin im klassischen Sinn geht es darum, einem Einzelnen in einem konkreten Krankheitsfall zu helfen. Bei Public Health geht es um die Ursachen und Folgen von gesundheitsrelevanten Themen bei einer größeren Gruppe von Menschen, die miteinander verbunden sind, wie beispielsweise die Menschen in einem Unternehmen oder auch die ganze Bevölkerung eines Landes."

Ilmo fragt nach: „Dann hören Sie sozusagen nicht mich, sondern unsere Firma ab?" „Ja, so könnte man es sagen", antwortet der Arzt und lacht. Dann berichtet er weiter.

Bei diesem Studium sei ihm bewusst geworden, dass er bis dahin sehr viel über Krankheiten gelernt hat, aber nur wenig über die Entstehung von Gesundheit weiß. Gesundheit sei aber mehr als das „Nichtvorhandensein" von Krankheit. Wichtig sei auch das „Vorhandensein" von Lebens- und Arbeitsqualität.

Die Zusatzausbildung diente der Vorbereitung zu einer Dozententätigkeit am „Zentrum Innere Führung", einer Ausbildungsstätte für Führungskräfte. „Innere Führung", das habe damals schon gut in seinen Ohren geklungen, sagt der Arzt. Seit dieser Zeit habe er nichts mehr über Krankheiten und Risikofaktoren vorgetragen, sondern darüber, was Menschen auch bei hoher beruflicher Belastung gesund bleiben lässt. Dazu habe er auch einige Studien durchgeführt, über die er später berichten werde.

Prägend sei für ihn seine Tätigkeit im Ausland gewesen. Er habe in einer medizinischen Einrichtung gearbeitet, die für die Gesundheit eines großen Führungsstabes zuständig war. Dabei habe er sehr viel gelernt. Auch davon werde er später erzählen.

Gesundheit und die Freude an der Arbeit

Schließlich fügt er noch ein wenig verschmitzt lächelnd hinzu. „Sie brauchen also keine Angst zu haben, dass ich irgendetwas über Krankheiten und Risikofaktoren erzählen werde. Wir sind vielmehr hier zusammen, um zu erkennen, dass Gesundheit besonders gut mit der Freude am Arbeiten gedeiht." Das klingt schon einmal gut, denkt Ilmo.

Ein Briefgeheimnis

Der Arzt hält einen Briefumschlag in die Höhe. „Den Inhalt dieses Umschlages werden wir am Ende unseres Workshops besprechen", sagt er zu den Teilnehmern. Er gibt Ilmo den Umschlag mit der Bitte, ihn gut aufzubewahren. „Was ist das für ein Inhalt?", fragt Ilmo. „Nun", sagt der Arzt, „es ist etwas, was Sie bereits wissen, ohne sich zum jetzigen Zeitpunkt dessen bewusst zu sein. Haben Sie also bitte noch etwas Geduld! Wir werden den Umschlag am Ende der Veranstaltung öffnen. Dann erfahren Sie, was in dem Brief steht. Eines kann ich Ihnen

schon jetzt versprechen: Sie werden überrascht sein!"
„Jetzt hat er uns aber ganz schön neugierig gemacht",
flüstert Ilmo seinem Kollegen ins Ohr.

Schlüssel gesucht

Anschließend fragt der Arzt: „Was denken Sie, bei wem der Schlüssel für ein ‚gesundes' Unternehmen liegt?" „Na, bei den Chefs", ruft ein Teilnehmer des Workshops. Als alle am Gesichtsausdruck des Arztes merken, dass das den Arzt nicht überzeugt, ruft ein anderer: „Beim Betriebsarzt!" Ein weiterer meint scherzhaft: „Beim Küchenchef, in der Kantine." Alle lachen.

Dann fügt noch jemand hinzu: „Bei der Arbeitssicherheit." „Okay", sagt der Arzt. „Wir lassen das zunächst einmal so im Raum stehen. Jede Ihrer Antworten hat ihre Berechtigung und ist sicherlich für die Gesundheit im Unternehmen wichtig. Den bedeutsamsten Schlüssel haben Sie jedoch noch nicht erwähnt", sagt der Arzt, „obwohl Sie ihn schon kennen. Aber darauf kommen wir später zurück."

3. Wechsel der Perspektive

3.1. Sehen, was man sonst nicht sieht

- *Ein Sandsack und ein Fahrrad*
- *In der Denkfalle*
- *Was beeinflusst die Gesundheit?*
- *Empfehlung für den Chef?*
- *Der Chef klaut Pfirsiche*

Ein Sandsack und ein Fahrrad

Der Arzt sagt: „Bevor Sie nun Ihre erste Aufgabe erhalten, möchte ich Ihnen noch kurz eine kleine Geschichte erzählen. Bei dieser Geschichte geht es darum zu erkennen, dass man im Leben das Naheliegende oft nicht sieht." Ilmo ist gespannt, denn Geschichten hört er gerne. Der Arzt fängt an zu erzählen:

An einer Grenzstation kam eines Abends ein Radfahrer vorgefahren. Auf dem Gepäckträger hatte er einen schweren Sack. Der Zöllner fragte:

„Was ist in diesem Sack?" „Sand", antwortete der Radfahrer. Am nächsten Abend kam der Radfahrer wieder an den Grenzübergang, wieder mit einem Sack auf dem Gepäckträger. Der Zöllner öffnete den Sack, griff hinein und spürte den Sand. Jeden Abend passierte das gleiche Spiel. Der Radfahrer fuhr mit dem Fahrrad und dem Sandsack über die Grenze. Der Zöllner konnte regelrecht

spüren, dass da etwas nicht stimmte. „Was schmuggelt dieser Kerl nur?", fragte er sich. Am nächsten Abend nahm er den Sack und schüttete den Inhalt durch ein Sieb. Das Ergebnis war: Sand. Längst schon konnte der Zöllner nachts nicht mehr schlafen, weil ihm immer die Bilder von dem Fahrrad mit dem Sandsack durch den Kopf gingen.

Am nächsten Abend konfiszierte er den Sandsack und ließ den Inhalt in einem Labor untersuchen. Das Ergebnis war: Sand. Mittlerweile war es mit dem Schlafen für den Zöllner endgültig vorbei. Am nächsten Abend hielt er den Radfahrer an und sagte: „Ich weiß ganz genau, dass Sie etwas schmuggeln. Bitte verraten Sie es mir und ich gebe Ihnen mein Ehrenwort, dass Ihnen nichts passieren wird. Bitte, ich möchte nur wieder schlafen können." „Okay", sagte der Radfahrer, „ich schmuggle Fahrräder!"

Alle im Raum lachen und die Stimmung wird immer besser.

In der Denkfalle

Der Zöllner hätte selbst auf die Antwort kommen können, wenn er in der Lage gewesen wäre, sich von den Fallstricken in seinem Kopf zu befreien. Warum konnte er das nicht? Was hinderte ihn daran, auf eine im Nachhinein so einfache Lösung zu kommen?

„Mit dieser Frage werden wir uns noch beschäftigen", sagt der Arzt. Er schaut in die ratlosen Gesichter der Teilnehmer und fügt lächelnd hinzu: „Vertrauen Sie mir, Sie werden heute noch viel darüber erfahren, wie wir unseren Blickwinkel in Bezug auf das Geschehen im Unternehmen erweitern können. Wir werden hier und da einfach die Perspektive wechseln. Ich werde Ihnen später erklären, wie unser Gehirn mit ankommenden Informationen umgeht und warum uns das manchmal daran hindert, Naheliegendes zu sehen."

Was beeinflusst die Gesundheit?

Dann fährt der Arzt fort und sagt, er solle im Auftrag des Unternehmens das „Betriebliche Gesundheitsmanagement" weiterentwickeln. Das könne er aber erst, wenn er wisse, was den größten Einfluss auf die Gesundheit der Menschen habe. Und wer könne darüber besser Auskunft geben als die Menschen im Unternehmen selbst? Erst wenn man erkannt habe, was den größten Einfluss auf die Gesundheit im Unternehmen hat, könne man sich auch Gedanken darüber machen, wie dies zu „managen" sei.

Die Dame vom Institut ergreift nun das Wort und sagt: „Jeder von Ihnen erhält jetzt ein Arbeitsblatt. Darauf finden Sie eine Liste mit Faktoren, die Einfluss auf die Gesundheit hier im Unternehmen haben. Sie sollen lediglich eine Reihenfolge der für Sie größten Einflussfaktoren festlegen."

Dann teilt sie die Blätter aus und erklärt noch einmal genau, was gemacht werden soll. „Welcher Einflussfaktor hat nach Ihrer Auffassung die größte Bedeutung für die Gesundheit? Schreiben Sie die Zahl 10 in das freie Feld rechts von der zutreffenden Aussage. Bei dem Einflussfaktor, der nach Ihrer Auffassung die zweitgrößte Bedeutung hat, schreiben Sie bitte die Zahl 9 in das freie Feld. Wiederholen Sie den Vorgang so lange, bis alle Aussagen – ihrer Bedeutsamkeit entsprechend – von 1 bis 10 durchnummeriert sind."

Die Art und Weise, wie die Mitarbeiter miteinander umgehen.

Die räumliche Ausstattung (z.B. ergonomische Arbeitsplatzausstattung).

Obstkörbe auf den Fluren.

Die Möglichkeit, sich zwischendurch ausruhen zu können (z.B. Pausenraum).

Die Möglichkeit, Sport treiben zu können (z.B. Betriebssportgruppe).

Die Art und Weise, wie die Vorgesetzten mit Ihren Mitarbeitern umgehen.

Das Ausmaß der Arbeitsbelastung (Zeitdruck, Stress etc.).

Die Möglichkeit, pünktlich Feierabend machen zu können.

Die Sicherheit des Arbeitsplatzes.

Wenn man gerne zur Arbeit kommt.

Damit hat Ilmo nicht gerechnet. Auch seine Kollegen sind zunächst erst einmal perplex. Bisher war ihnen noch gar nicht bewusst, dass Gesundheit von so vielen Faktoren abhängen kann. Da wird nach dem Umgang miteinander gefragt. Sollte das wirklich wichtiger sein als all die anderen „gesunden" Maßnahmen? Da sitzen sie nun, und jeder bastelt an seiner persönlichen Hitparade. Nach ungefähr zehn Minuten hat jeder seinen Zettel ausgefüllt. Die Institutsmitarbeiterin sammelt die Aufgabenblätter ein und erklärt, dass sie die Einschätzungen in der Zwischenzeit auswerten und dann das Ergebnis vorstellen wird. Anschließend ergreift der Arzt wieder das Wort.

Empfehlung für den Chef?

„Beschäftigen wir uns nun zunächst mit einer für Sie wichtigen Person, mit Ihrem Chef. Bitte denken Sie, jeder für sich, einmal über folgende Frage nach:
Würden Sie Ihren Chef in Ihrem Bekanntenkreis als guten Chef bezeichnen? Ist er gut für Sie und ist er auch gut für das Unternehmen?" Über diese Frage lässt der Arzt die Teilnehmer ungefähr eine Minute nachdenken. Alle sind dankbar, dass sie ihre Antwort danach nicht allen vortragen müssen. Dann fragt der Arzt in die Runde, ob vielleicht doch jemand etwas über die Beziehung zwischen Vorgesetzten und Mitarbeitern sagen möchte. Niemand macht Anstalten, darauf antworten zu wollen – bis

Ilmo die Stille durchbricht und sagt: „Mir ist etwas eingefallen." Dabei grinst er bis über beide Ohren und nicht nur dem Arzt ist klar, dass jetzt etwas Lustiges kommt. „Okay, Ilmo, dann los!", ruft der Arzt. Und Ilmo fängt an zu erzählen.

Der Chef klaut Pfirsiche

Ein Vorgesetzter ging einmal mit einem seiner Mitarbeiter in den Supermarkt. Dabei stahl der Vorgesetzte etwas und wurde erwischt. Umgehend wurde er einem Schnellrichter vorgeführt. Der Richter fragte ihn, warum er Ladendiebstahl begangen hat. „Sie verdienen doch viel Geld und haben so etwas gar nicht nötig."

Daraufhin sagte der Vorgesetzte: „Nun, Herr Richter, ich wollte einmal sehen, wie das ist, wenn man klaut."„Das geht so nicht", sagte der Richter. „Was haben Sie denn gestohlen?" Der Vorgesetzte erwiderte: „Eine Dose Pfirsiche." „Wie viele Pfirsiche waren in der Dose?", fragte der Richter. „Sieben", antwortete der Vorgesetzte. „Dann verurteile ich sie zu sieben Tage Arrest", sagte der Richter, „denn Strafe muss sein." Anschließend wandte sich der Richter dem Mitarbeiter zu und fragte: „Möchten Sie noch etwas zu diesem Fall sagen?" Da antwortete der Mitarbeiter: „Ja, Herr Richter, er hat auch noch eine Dose Erbsen geklaut!"

Alle lachen laut und herzlich. Die Stimmung im Raum ist mittlerweile richtig gut. Gut genug, um sich einer Gruppenaufgabe zu widmen. Ilmo ahnt schon, dass jetzt irgendetwas kommt, das die Beziehung von „Vorgesetzten und Mitarbeitern" thematisiert.

3.2. Wundersame Verwandlung

- *Ilmo soll sich etwas vorstellen*
- *Der Chef wird über Nacht perfekt*
- *Lieber anonym, man weiß ja nie*

Ilmo soll sich etwas vorstellen

Die Mitarbeiterin des Instituts ergreift das Wort und erklärt die nun anstehende Gruppenarbeit. Ilmo und seine Kollegen werden nach dem Zufallsprinzip in fünf Gruppen à fünf Personen aufgeteilt. Die Mitarbeiterin liest die Aufgabe vor: „Stellen Sie sich vor, bei Ihrem Vorgesetzten würde über Nacht eine wundersame Verwandlung stattfinden. Er verwandelte sich in den für Sie perfekten Chef. Sein Verhalten als Vorgesetzter wäre auf einmal so, wie Sie es sich wünschten." Dann ergreift der Arzt das Wort: „Sie wissen jedoch nichts von dieser wundersamen Verwandlung. Woran würden Sie sie dennoch in den nächsten Tagen und Wochen im Berufsalltag bemerken? Was wäre anders?"

Der Chef wird über Nacht perfekt

„Was ist das nun schon wieder?", fragt sich Ilmo. Seine Kollegen und er sollen sich überlegen, wie es wäre, wenn der Vorgesetzte über Nacht zum perfekten Chef würde? „Also", sagt der Arzt, „stellen Sie sich das einmal in aller

Ruhe vor und lassen Sie die Vorstellung auf sich wirken. Beantworten Sie dann die folgenden Fragen, gerne auch mit mehreren Antworten."

1. Frage:

Was hat sich bei dem Vorgesetzen geändert?

2. Frage:

Was hat die Veränderung des Vorgesetzten bei Ihnen bewirkt?

Ilmo und seine Kollegen machen sich an die Arbeit. Einige haben Bedenken, dass es für sie negative Folgen haben könnte, wenn sie offen und ehrlich antworten. Dies scheint die Mitarbeiterin des Instituts zu ahnen. Sie sagt: „Gerne trage ich nachher für Sie vor. Sie können also ohne Bedenken antworten."

Ilmo und seine Kollegen haben ein halbe Stunde Zeit. Sie überlegen sich, woran sie merken würden, wenn der Chef auf einmal so wäre, wie er ihrer Ansicht nach sein sollte. Ilmo und seine Gruppe einigen sich, dass zunächst jeder für sich alleine die Fragen beantwortet.

Jeder will versuchen, jeweils zwei bis drei Antworten zu finden. Danach sollen die Ergebnisse in der Gruppe zusammengetragen und aufgeschrieben werden. Am Anfang schauen alle nachdenklich zur Decke. Wie würde ich den Chef erleben, wenn er von heute auf morgen für mich zum idealen Chef würde? Was macht das mit mir? Jeder in der Gruppe schreibt, streicht durch und schreibt wieder.

Alle Teilnehmer sind sehr neugierig auf die Gruppenergebnisse. Nachdem alle Ergebnisse präsentiert sind, werden alle Anwesenden sehr nachdenklich. Jeder Einzelne ist offensichtlich sehr angetan von der Art und Weise, wie und was vorgetragen wurde. Auch die Dame vom Institut ist sichtlich beeindruckt. Dann sagt sie: „Das sind sehr bemerkenswerte Aussagen. Ich werde nachher die Ergebnisse aus Ihrem Gedankenspiel zusammenfassen, damit der Arzt die Antworten gezielt kommentieren kann."

4. Eine Frage der Balance

4.1. Durch zu viel „Gesundes" die Gesundheit nicht aus den Augen verlieren

- *Die Hitparade der Einflussfaktoren*
- *Kein überraschendes Ergebnis*
- *Das wirklich Wichtige*
- *Ein sicherer Arbeitsplatz ist etwas Gesundes*
- *Ein Unternehmen ist keine Kurklinik*
- *Marktplatz der Philosophen*

Die Hitparade der Einflussfaktoren

Die Mitarbeiterin des Instituts zeigt ein Bild mit der Auswertung bezüglich der größten Einflussfaktoren auf die Gesundheit und sagt: „Auf dem Bild sehen Sie Ihre Gewichtung der einzelnen Einflussfaktoren.

In diesem Moment kommt überraschend der Geschäftsführer zurück und setzt sich mit einem freundlichen Lächeln in die letzte Reihe. Das passt ja gut, geht es Ilmo durch den Kopf.

Kein überraschendes Ergebnis

Ilmo betrachtet die Auswertung und sagt zum Arzt: „Sie haben recht! Im Grunde genommen wussten wir alle schon vor Ihren Ausführungen und vor unserem Gedan-

kenspiel, was im Unternehmen wirklich von Gewicht
ist. Gesundheit im Unternehmen hat ziemlich wenig mit
Medizin und ziemlich viel mit dem Umgang miteinander
zu tun." Einer seiner Kollegen dreht sich um und sieht
den Chef an. Gut, dass er wieder hier ist und das sieht
und hört, denkt er. „Wenn ich die gleiche Befragung
bei anderen Unternehmen mache", so der Arzt, „kommen meist ähnliche Ergebnisse heraus. Da stellt sich die
Frage, warum sich die meisten Firmen nicht intensiver
diesem elementaren Thema widmen." Ratlose Gesichter
bei allen Teilnehmern. „Denken Sie doch noch einmal an

den Zöllner", erinnert der Arzt. „Ah, ich weiß es", ruft Ilmo. „Weil die Verantwortlichen für das Betriebliche Gesundheitsmanagement die Vorstellung haben, dass Gesundheit besonders viel mit Medizin zu tun hat. Und schon sind sie in der Falle. Sie richten ihren Fokus dann auf Aktivitäten, von denen sie meinen, sie seien gesund." Der Arzt antwortet: „Die meisten Aktivitäten des Betrieblichen Gesundheitsmanagements können nach meiner Auffassung durchaus zur Gesundheit beitragen. Wir sollten aber aufpassen, dass wir dabei die wichtigsten Einflussfaktoren auf die Gesundheit nicht aus den Augen verlieren. Und das ist nun mal die Art und Weise, wie die Menschen miteinander umgehen.

Das wirklich Wichtige

Der Arzt wendet sich dem Geschäftsführer zu. „Schön, dass Sie wieder da sind. Möchten Sie etwas zu den bisher vorgetragenen Ergebnissen sagen?" Der Geschäftsführer überlegt kurz und sagt zögernd: „Das Unwichtige machen wir schon. Das Wichtige machen wir offensichtlich noch nicht." Der Arzt antwortet: „Alles ist wichtig und hat auch seine Berechtigung. Was ist denn für Sie nun das Wichtige?" Der Geschäftsführer ist sprachlos. Mit dieser konkreten Frage hat er offensichtlich nicht gerechnet. Er antwortet etwas irritiert: „Oh, jetzt haben Sie mich aber erwischt." Nach einigen Sekunden des Innehaltens fügte er hinzu: „Ich stelle mir selbst in diesem Augenblick die Frage, warum es mir in der Vergangenheit gar nicht so klar war, welch großen Einfluss das Miteinander im Unternehmen auf die Gesundheit hat. Außerdem war es ein Irrglaube von mir, die Ursachen einer erschreckend geringen Verbundenheit mit dem Unternehmen auf das Betriebliche Gesundheitsmanagement abwälzen zu wollen. Ich habe wohl meine Aufmerksamkeit zu sehr auf den wirtschaftlichen Erfolg des Unternehmens gerichtet."

Ein sicherer Arbeitsplatz ist etwas Gesundes

Der Arzt erwidert: „Das würde ich so nicht sagen. Wir haben doch gerade gesehen, dass für Ihre Mitarbeiter die Sicherheit des Arbeitsplatzes bedeutsamer ist als die Wohltaten Ihres Betrieblichen Gesundheitsmanagements. Sicher ist der Arbeitsplatz insbesondere dann, wenn das Unternehmen erfolgreich am Markt ist. Das hängt auch maßgeblich von Ihrem Geschick ab."

Ein Unternehmen ist keine Kurklinik

Der Arzt fährt fort: „Ein Unternehmen ist keine Kurklinik, sondern es sollte wirtschaftlich gesund sein. Um das auf Dauer in unserer schnelllebigen Zeit zu erreichen, braucht das Unternehmen gesunde Mitarbeiterinnen und Mitarbeiter. Sie müssen Lust haben, sich mit ihren Begabungen einzubringen. Dafür braucht das Unternehmen

Menschen, die diese Lust bei anderen wecken können."
Der Geschäftsführer denkt kurz nach und erwidert etwas betroffen: „Ja, Sie haben recht." Der Arzt meint: „Sie werden in Zukunft immer mehr auf die Loyalität, die Kreativität und das Engagement Ihrer Mitarbeiter angewiesen sein. Nach der Pause werden wir uns weiter mit dieser Thematik beschäftigen und die Ergebnisse aus dem Gedankenexperiment analysieren."

Dann wendet er sich noch einmal an den Geschäftsführer und erklärt ihm das Gedankenspiel, mit dem sich die Teilnehmer vorher beschäftigt haben. „Denken Sie bitte in der Pause einmal darüber nach, was Ihre Mitarbeiter wohl an Antworten gefunden haben." „Oh!", antwortet der Geschäftsführer, „ein perfekter Chef über Nacht. Das ist aber eine spannende Frage. In Ordnung, ich werde darüber nachdenken." „Bis hierhin schon einmal vielen Dank für Ihre Mitarbeit", sagt der Arzt zu allen. Die Mitarbeiter klatschen und gehen in die Mittagspause. Man hat fast das Gefühl, dass die Teilnehmer sich selbst applaudieren.

Marktplatz der Philosophen

In der Pause gibt es anregende Diskussionen über die bisherigen Ergebnisse. Das Workshop-Team drängt auch nicht zum Weitermachen, als die eigentliche Pausenzeit vorbei ist. Der Arzt lächelt, als er an den Diskutierenden vorbeigeht, und meint: „Das geht hier ja zu wie auf einem Marktplatz der Philosophen!" Das macht Ilmo und seine Kollegen ziemlich stolz. Marktplatz der Philosophen, das klingt nach Weisheit.

4.2. Anforderungen und Ressourcen

- *Vom Fluss des Lebens*
- *Nur nicht untergehen*
- *Anders fragen*
- *Wir brauchen Ressourcen*
- *Stress ist eine Beurteilung der Lage*
- *Wann sind Anforderungen stressig?*

Vom Fluss des Lebens

Als sich alle wieder eingefunden haben, ergreift der Arzt das Wort: „Wir werden gleich Ihre Ergebnisse aus dem Gedankenspiel besprechen und zuordnen. Doch zunächst möchte ich Ihnen noch einmal verständlich machen, was der Unterschied zwischen der Lehre von den Krankheiten (Pathogenese) und der Lehre von der Entstehung und Erhaltung von Gesundheit (Salutogenese) ist. Ich möchte, dass Sie verstehen, wie Sie miteinander viel mehr für Ihre Gesundheit tun können, als ich das je könnte. Mit Hilfe einer kleinen Geschichte möchte ich Ihnen zeigen, wie man die Dinge aus unterschiedlichen Blickwinkeln oder sagen wir besser aus unterschiedlichen Perspektiven sehen kann. Ich erzähle Ihnen nun die Geschichte vom Fluss des Lebens."

Nur nicht untergehen

„Stellen Sie sich vor, unser Leben sei wie das Schwimmen in einem großen Strom – dem Fluss des Lebens.

Der Fluss des Lebens hat sonnige Seiten und er hat schattige Seiten. Hier und da liegen Steine im Weg. An manchen Stellen gabelt sich der Fluss des Lebens und man muss sich entscheiden, wie es weitergehen soll. Dieser Fluss zeichnet sich außerdem durch leichte Strömungen, gefährliche Stromschnellen und reißende Strudel aus. Daraus können Herausforderungen, schwere Belastungen und auch gefährliche Situationen resultieren.

Wenn jemand in diesem Fluss des Lebens zu ertrinken droht, ist es meine Aufgabe als ‚normaler‘ Arzt, diesen Menschen vor dem Ertrinken zu retten – gleichgültig aus welchem Grund er in diese gefährliche Situation geraten ist. Aus der Perspektive der Medizin erscheint es auch sinnvoll zu untersuchen, wer Gefahr läuft zu ertrinken und womit man jemanden am ehesten aus dem Fluss ziehen kann."

Anders fragen

„Die spannendere Frage ist jedoch eine andere!", fährt er fort und fragt in die Runde: „Was, glauben Sie, ist die spannendere Frage?" Alle schweigen. „Nun", setzt er an, „was müsste ein Mensch können, um im Strudel einer Stromschnelle nicht gleich unterzugehen?" „Ah!", ruft Ilmo, „Er müsste gut schwimmen können." „Super", freut sich der Arzt, „das ist genau die richtige Antwort! Es geht also um die Frage: Warum kann dieser Mensch nicht besser schwimmen? Bleiben wir weiter bei der

Geschichte. Was bräuchte dieser Mensch, wenn seine Schwimmkünste nicht ausreichen?" Nach kurzem Überlegen ruft Ilmos Kollege: „Er bräuchte eine Schwimmweste oder Schwimmflügel." „Wow!", kommentiert der Arzt, „diese Antwort ist genauso ein Volltreffer!"

Wir brauchen Ressourcen

„Fassen wir zusammen", sagt er und zeigt ein Bild:

„Ein erfolgreiches Durchkommen setzt also voraus, auf Herausforderungen angemessen reagieren zu können. Dazu braucht man eigene Fähigkeiten. In unserem

Beispiel vom Fluss des Lebens müsste man ein guter Schwimmer sein. Weiter bräuchte man Unterstützung von außen. In unserem Beispiel könnten das beispielsweise Schwimmflügel sein. Ob am Arbeitsplatz oder im Privatleben, immer wieder haben wir Anforderungen und schwierige Situationen zu meistern. Wie stressig das Ganze ist, hängt davon ab, auf wie viele Ressourcen wir zurückgreifen können. Dabei unterscheiden wir zwischen Ressourcen, die wir uns selbst erworben haben, und Ressourcen, die wir von anderen erhalten sollten. Reichen unsere eigenen Ressourcen nicht aus oder haben wir zu wenig Unterstützung von anderen, dann entsteht Stress!"

Stress ist eine Beurteilung der Lage

„Stress entsteht immer dann, wenn die persönliche Einschätzung der Lage so ist, dass man befürchtet, ein Problem nicht lösen oder kontrollieren zu können. Das heißt, wenn die Summe der Anforderungen höher ist als die Summe der Ressourcen." Der Arzt zeigt ein neues Bild:

„Wie ist hier die persönliche Einschätzung des kleinen Menschen?" Ilmo meldet sich und sagt: „Seine Beurteilung der Lage ist: Das Problem ist nicht zu meistern. Also lieber abhauen!" Ilmos Kollegen lachen. „Sie haben recht, damals in grauer Vorzeit war tatsächlich die Devise bei auftretenden Gefahren: abhauen oder kämpfen. Heute sind gefährliche Ungeheuer ausgestorben und man hat diese Art von Stress eher selten. Die Menschen heutzutage leiden eher unter chronischem Stress, der lange andauert und immer wieder auftritt." Diese Erklärung zu den Mechanismen von Stress leuchtet allen ein.

Wann sind Anforderungen stressig?

„Jetzt wollen wir uns mit den Anforderungen beschäftigen, die am Arbeitsplatz zu bewältigen sind." Der Arzt wendet sich wieder an die Teilnehmer und fragt: „Mit welchen Anforderungen sind Sie hier in Ihrem Unternehmen konfrontiert?"
Es gibt viele Wortmeldungen. Die Mitarbeiterin des Instituts schreibt die Antworten auf.

- *Leistungsdruck*
- *Zeitdruck*
- *Personalverantwortung*
- *Materialverantwortung*
- *Konflikte*
- *Veränderungen in immer kürzeren Abständen*

„Das sind eine ganze Menge Punkte", gibt der Arzt zu bedenken. „Die Frage ist nun, ob und wann diese vielfältigen Aufgaben Ihre Gesundheit beeinträchtigen?" Er zeigt auf ein weiteres Bild.

„Nehmen wir einmal an, beide Personen auf dem Bild hätten gleich hohe berufliche Anforderungen. Dennoch könnte es sein, dass sie für den Einen eine nur schwer zu bewältigende Last sind, während der Andere sie scheinbar mühelos meistert. Die gesundheitlichen Beeinträchtigungen dieser Anforderungen wären dann sicherlich auch unterschiedlich. Jetzt stellt sich die Frage, was der Eine hat, was dem Anderen fehlt? Der Eine hat offensichtlich eine bessere Ressourcen-Ausstattung oder sagen wir: Er hat mehr Kraft als der Andere."

5. Was gibt Menschen Kraft?

5.1. Was wir brauchen

- *Gefühl, wertvoll zu sein*
- *Vertrauen ist der Anfang von allem Guten*
- *Mitgestalten dürfen*
- *Verständlichkeit und Klarheit*
- *Zuversicht*
- *Etwas Wichtiges fehlt noch*

Der Arzt fasst zusammen: „Um gut zu leben, brauchen wir Menschen mehr als nur Luft zum Atmen und Essen und Trinken. Wir haben noch weitere, vielfältige Bedürfnisse, die unsere Lebensqualität stark beeinflussen. Lassen Sie uns nun gemeinsam Ihre Ergebnisse aus dem Gedankenspiel beleuchten. Welche wichtigen Ressourcen gibt Ihnen der so wundersam verwandelte Chef? Wie hilfreich sind diese Ressourcen bei der Bewältigung Ihrer Arbeitsanforderungen?"

| Berufliche Anforderung | Was hilft bei deren Bewältigung? |

Er fragt seine Zuhörer, ob er ihre Antworten kommentieren soll. Einstimmig erklingt ein „Ja, bitte!".

„Schauen wir einmal, welche Antworten Sie gefunden haben. Die Dame vom Institut hat inzwischen Ihre Antworten aus dem Gedankenspiel zusammengefasst und sortiert. Wir erinnern uns, gefragte wurde, was sich bei dem Vorgesetzten geändert hat."

1. Frage:

Was hat sich bei dem
Vorgesetzen geändert?

Gefühl, wertvoll zu sein

Er zeigt auf die ersten beiden Antworten:

Mein Vorgesetzter gibt mir angemessene Wertschätzung für das was ich leiste.

Mein Vorgesetzter unterhält sich mit mir auf Augenhöhe.

Dann fragt er: „Was meinen Sie, welche Erwartung an den Chef wird hier erfüllt?" „Na ja", sagt Ilmo, „dass mein Chef sieht, was ich so leiste, und dass er das auch zur Kenntnis nimmt und würdigt." Ein Kollege von Ilmo ruft noch: „Dass er mich nicht von oben herab behandelt."

„Volltreffer!", kommentiert der Arzt: „Wir Menschen haben also ein Bedürfnis nach Achtung, Respekt und Wertschätzung. Man könnte auch sagen, ein Bedürfnis nach dem wohltuenden Gefühl, wertvoll zu sein."

Er ergänzt: „Da haben wir also schon die erste wichtige Ressource, um Anforderungen leichter bewältigen zu können, nämlich das Gefühl, wertvoll zu sein. Es tut uns offensichtlich gut, wertgeschätzt zu werden. Und das wiederum stärkt das Selbstwertgefühl."

Berufliche
Anforderung

Was hilft bei deren
Bewältigung?

Der Arzt blättert um und sagt: „Schauen wir uns die nächsten beiden Antworten an. Welcher Wunsch könnte hinter diesen Antworten stecken?"

„Der Wunsch nach Unterstützung und nicht alleine gelassen zu werden", sprudelt es aus Ilmo heraus. Ein anderer Kollege meint: „Der Wunsch, dazuzugehören." Ilmo ergänzt noch: „... und der Wunsch, vertrauen zu können." „Ja", sagt der Arzt, „das Vertrauen darauf, Lebensaufgaben mit Hilfe sozialer Unterstützung meistern zu können, ist genauso wichtig wie das Vertrauen in die eigenen Fähigkeiten. Wir Menschen haben also auch ein Bedürfnis nach Bindung und vertrauensvollen Beziehungen. Gemeinsam haben wir eine weitere Ressource erkannt: Das Bedürfnis, auf andere zählen zu können."

Dann blättert der Arzt weiter und zeigt auf die nächsten beiden Antworten:

Mein Vorgesetzter bietet mir die Freiräume, die ich brauche, um meine Arbeit gut zu machen.

Mein Vorgesetzter fragt mich vor wichtigen Entscheidungen nach meiner Meinung.

Ilmo fragt: „Sie möchten jetzt bestimmt wissen, welche Wünsche hier angesprochen werden?" „Ja, genau", antwortet der Arzt. „Wenn ich mir die Antworten so

anschaue, dann wird hier der Wunsch geäußert, mitgestalten zu dürfen und zeigen zu können, was man kann",
erwidert Ilmo.

Berufliche
Anforderung

Was hilft bei deren
Bewältigung?

„Ja, das ist eine schöne Antwort", sagt der Arzt. „Die
ersten Erfahrungen, die wir in unserem Leben machen,
beginnen bereits im Mutterleib. Hier sind wir verbunden
und dürfen wachsen. Im Grunde genommen haben wir
Menschen dieses Bedürfnis, solange wir leben. Für mich
ist es so ziemlich das Gesündeste, was es gibt: sich in
Verbundenheit mit anderen entfalten zu können."

Die nächsten zwei Antworten erscheinen auf dem Flip-chart.

„Schauen wir uns die Antworten genau an", sagt der Arzt: „Sie kennen ja mittlerweile das Spiel. Welche Wünsche stecken dahinter?" „Na ja", sagt Ilmo, „ich möchte schon wissen, was um mich herum passiert. Das gibt mir mehr Sicherheit. Wenn ich nicht weiß, was gerade passiert, wie es weitergeht, oder wenn Gerüchte aufkommen, irritiert mich das schon sehr." „Wir haben also eine weitere Ressource entdeckt", kommentiert der Doktor: „Verstehen, was passiert!"

Zuversicht

Auf der nächsten Seite des Flipcharts ist zu lesen:

Mein Vorgesetzter macht mir Mut, dass wir unsere Ziele erreichen können.

„Die Zuversicht, dass die anstehenden Probleme bewäl-
tigt werden können, ist eine weitere wertvolle Ressource", erklärt der Arzt.

Berufliche
Anforderung

Was hilft bei deren
Bewältigung?

Schließlich sagt der Arzt: „Schauen wir uns nun noch einmal die bisher gefundenen Ressourcen im Überblick an."

80

Alle schauen in Ruhe auf das Bild. Der Doktor fährt fort: „Bei den Ressourcen auf der rechte Seite der Waage ist noch Platz für etwas ganz Wichtiges. Jetzt steht da noch ein Fragezeichen. Warten Sie bitte noch einen Augenblick. Wir werden bald erkennen, was da noch hingehört. Es handelt sich um eine weitere sehr bedeutsame Ressource!"

5.2. Veränderung mit großer Wirkung

- *Eine neue Beziehungserfahrung*
- *Zündkerzen für das Gute-Gefühle-System*
- *Verbundenheit und Sinnhaftigkeit*

Eine neue Beziehungserfahrung

Der Arzt fährt fort: „Lassen Sie uns nun zur zweiten Frage kommen, die Sie beantworten sollten."

2. Frage:

Was hat die Veränderung des Vorgesetzten bei Ihnen bewirkt?

„Haben sie eine Idee, was der gemeinsame Tenor Ihrer Antworten ist?" Ilmo ruft sofort: „Wenn wir etwas bekommen, was uns gut tut und uns ein gutes Gefühl gibt, wird bei uns die Lust geweckt, uns so richtig mit einzubringen." „Sie haben es auf den Punkt gebracht, Ilmo", freut sich der Arzt, „das ist eine gute Antwort. Bei unse-

rem Gedankenspiel machen Sie eine neue Beziehungserfahrung, und zwar eine, die Ihnen gut tut. Solche Erfahrungen hinterlassen Spuren in unserem Kopf. Ich möchte
Ihnen kurz erklären, was da genau passiert."

Zündkerzen für das Gute-Gefühle-System

„Bei guten Erfahrungen werden im Gehirn Botenstoffe
gebildet, die das Gute-Gefühle-System stimulieren. Man
kann also sagen, die von Ihnen zusammengetragenen
Ressourcen sind wie Zündkerzen, die im Gehirn für gute
Gefühle sorgen und auch unseren Antrieb zünden."

Verbundenheit und Sinnhaftigkeit

Der Arzt fasst das bisher Gesagte zusammen:

- Unser Gehirn freut sich über jedes gute Gefühl.
- Gute Gefühle fördern die Verbundenheit.
- Fühlt man sich mit etwas verbunden, möchte man
  das auch erhalten, weil man einen Sinn darin sieht.

„Wir haben gerade noch weitere, sehr wichtige Ressourcen gefunden, nämlich Verbundenheit und Sinnhaftigkeit." Alle Teilnehmer schauen nun bewegt und nachdenklich auf das nächste Bild.

Zuversicht

Verstehen, was passiert

Verbundenheit und Sinnhaftigkeit

Mitgestalten dürfen

Auf andere zählen können.

Selbstwertgefühl

· Leistungsdruck
· Zeitdruck
· Stress
· Personal-
  verantwortung
· Material-
  verantwortung
· Konflikte
· Veränderungen

Berufliche Anforderung

Was hilft bei deren Bewältigung?

„Wir sehen also, es gibt eine Menge Ressourcen von au-ßerhalb, die Ihnen helfen, mit den hohen beruflichen An-forderungen klarzukommen", fasst der Arzt zusammen. „Wir werden gleich lernen, welchen Einfluss diese Res-sourcen auf die Gesundheit haben."

6. Wir können uns ändern

6.1. Vom Vorgesetzten zur Führungskraft

- *Wie eine Schwimmweste*
- *Die Zeiten ändern sich*

Wie eine Schwimmweste

„Lassen Sie bitte die gefundenen Antworten einmal auf sich wirken", werden die Teilnehmer aufgefordert. „Welches Gefühl gibt Ihnen das?" Einer von Ilmos Kollegen ruft: „Es gibt mir ein gutes Gefühl!" Alle nicken zustimmend. Der Arzt erinnert die Zuhörenden an das Bild vom Fluss des Lebens und fragt: „Könnten all die neuen Verhaltensweisen des Vorgesetzten so etwas wie Schwimmflügel sein?" „Das sind eher Schwimmwesten und Schwimmflügel in einem", ruft einer von Ilmos Kollegen und alle nicken wieder und lachen. „Das ist eine schöne Antwort", entgegnet der Arzt. „Man könnte auch sagen, das alles gibt uns Kraft und ein gutes Gefühl. Bei unserem Gedankenspiel wurde aus dem Vorgesetzten über Nacht eine FührungsKRAFT!"

Die Zeiten ändern sich

„Ah", ruft Ilmo schelmisch, „jetzt weiß ich auch, warum ein Vorgesetzter Führungskraft heißt und nicht Führungsschwäche." Die Anwesenden lachen herzlich und laut. Dann ergänzt Ilmo noch: „Er sollte nämlich seinen

Mitarbeitern Kraft geben und sie stärken!" „Ja", stimmt der Arzt zu. „Leider glauben immer noch viele Vorgesetzte, ihre Hauptaufgabe sei es, dem nachgeordneten Personal Anordnungen zu erteilen und sie zu kontrollieren. So verhalten sich dann auch die Mitarbeiter. Sie kommen pünktlich zur Arbeit und machen das, was man ihnen sagt. Doch die Zeiten ändern sich. Wir werden gleich noch darüber reden, was das für die Unternehmen und deren Mitarbeiter bedeutet."

6.2. Vom Mitarbeiter zum Mitgestalter

- *Sich einbringen dürfen und auch wollen*
- *Empfehlung für den Mitarbeiter*
- *Auch Mitarbeiter können sich verwandeln*
- *Was hat sich bei den Mitarbeitern geändert?*
- *Welchen Vorteil hat der Geschäftsführer?*

Sich einbringen dürfen und auch wollen

„In unserem vorhin besprochenem Gedankenspiel", so fährt der Arzt fort, „wurde aus dem Vorgesetzten eine Führungskraft." Alle müssen grinsen, weil sie sich noch gut an das Wort „Führungsschwäche" erinnern. Dann werden sie gefragt, was sich während dieses Gedankenspiels bei ihnen verändert hat. Zunächst sind alle etwas ratlos. Der Arzt hakt nach. „Denken Sie doch noch einmal über die Frage nach, was die Veränderung des Vorgesetzten bei Ihnen bewirkt hat." Ilmos Kollege ruft: „Na, man geht jetzt viel lieber an den Arbeitsplatz. Man geht nicht mehr zur Arbeit nur um des Geldverdienens willen". Ilmo meldet sich auch zu Wort: „Für mich ist das Entscheidende, dass man sich nicht nur einbringen darf, sondern dass man es auch möchte." „Ja", sagt der Arzt, „dem kann ich nichts mehr hinzufügen."

Empfehlung für den Mitarbeiter

„Wir haben uns vorhin ausführlich mit Ihrem Chef beschäftigt. Bitte halten Sie einmal kurz inne und denken Sie darüber nach, ob Ihr Chef Sie in Ihrem Bekanntenkreis als guten Mitarbeiter empfehlen würde. Wenn die Antwort kein klares Ja ist, denken Sie bitte auch darüber nach, warum das so ist." Wieder herrscht absolute Stille im Raum.

Auch Mitarbeiter können sich verwandeln

Nach einer Weile fährt der Arzt fort. „Ich habe einmal mit einer Gruppe von Führungskräften ein Gedankenspiel gemacht. Sie sollten sich das Gleiche vorstellen wie Sie vorhin. Nur haben sich dabei die Mitarbeiter über Nacht wundersam verwandelt. Auch die Führungskräfte sollten dann aufschreiben, was sich bei den nun perfekten Mitarbeitern geändert hat. Was haben diese Führungskräfte nach Ihrer Meinung aufgeschrieben?", will der Arzt wissen. Ilmo fragt nach: „Sollen wir jetzt Beispiele nennen?" „Ja", erwidert der Arzt. „Raten Sie einfach, was diese Chefs sich notiert haben." Nach anfänglichem Zögern legen die Teilnehmer los und die Mitarbeiterin schreibt die Antworten auf.

Was hat sich bei den Mitarbeitern geändert?

Das Verhalten der Mitarbeiter hat sich bei dem Gedankenspiel dahingehend verändert, dass sie nun:

- praktikable Vorschläge zur Verbesserung der Betriebsabläufe machen,
- eigenverantwortlich mehr Entscheidungen treffen,
- sich mehr für die gemeinsamen Ziele einsetzen,
- danach fragen, was sie wissen wollen,
- mehr Mut haben, Probleme offen anzusprechen,
- wertschätzender miteinander umgehen und ihr Wissen noch besser vernetzten,
- nicht mehr so viel Energie durch unnötige Konflikte vergeuden.

„Das sind schöne Antworten", so der Arzt: „Sie haben einen guten Riecher! Ähnlich waren auch die Antworten der Führungskräfte, mit denen ich dieses Gedankenspiel durchgeführt habe."

Welchen Vorteil hat der Geschäftsführer?

Dann wendet er sich dem Geschäftsführer zu und fragt: „Welchen Vorteil hätten Sie, wenn Ihre Mitarbeiter auf einmal genau so wären?"

Der Geschäftsführer überlegt kurz und sagt: „Geben Sie mir eine Minute." Dann nennt er Bespiele, die die Mitarbeiterin des Instituts aufschreibt.

- Ich wüsste besser, was ich für meine Mitarbeiter tun kann.
- Ich bekäme mehr Impulse, um Verbesserungen anzustoßen.
- Ich könnte mich selbst besser reflektieren.
- Ich hätte mehr Vertrauen in meine Mitarbeiter und müsste weniger kontrollieren.
- Ich würde weniger Energie für die Bewältigung von Konflikten verbrauchen.
- Ich hätte mehr Zeit und könnte öfter pünktlich Feierabend machen.

Der Arzt bedankt sich bei dem Geschäftsführer für die spontanen Antworten. Ilmo denkt für sich: Kein Problem, das könnte er alles haben, wenn er so wie bei unserem Gedankenspiel wäre. Dann fragt er sich: Liegt es wirklich nur am Chef?

7. Das Leben ist ein Tauschgeschäft

7.1. Die Regeln des Miteinanders

- *Unser Betriebssystem ist sozial*
- *Es gibt bessere Gründe als Geld*
- *Das Fundament gelingender Beziehungen*
- *Alle gesunden Körper sind gleich*
- *Wo liegt der Schlüssel?*

Unser Betriebssystem ist sozial

Lange vor unserem heutigen Wirtschaftssystem und den ersten Siedlungen haben unsere Vorfahren als soziale Gruppen zusammengelebt und überlebt. Der Mensch ist ein soziales Wesen und er ist am besten mit anderen unterwegs. Bei der Jagd auf ein Mammut hatte beispielsweise einer das Wissen, sich dem Tier unbemerkt zu nähern. Der andere hatte die Erfahrung, die spitzesten Speere herzustellen. Beide zusammen ergaben ein gefährliches Jagdgespann. Das viele Tausend Jahre gelebte Miteinander in unserer Vergangenheit hat prägende Spuren in uns hinterlassen.

Wer Computervergleiche mag, könnte sagen: Unser Betriebssystem ist sozial. Auch wenn wir nicht mehr in kleinen Gruppen als Jäger und Sammler durch die Gegend streifen, sind es die Regeln des Miteinanders, die unser Leben bestimmen. Menschen zieht es hinaus zur Begegnung mit anderen Menschen. Das gilt auch für den Arbeitsplatz.

Es gibt bessere Gründe als Geld

Die Befragung der Mitarbeiter mittels Fragebögen ergab, dass die überwiegende Mehrheit der Mitarbeiter „das tut, was sie tun soll". Mehr nicht. Das bedeutet: Nur etwa jeder fünfte Mitarbeiter empfindet eine emotionale Verbundenheit mit dem Unternehmen. Zur Arbeit geht man nicht, weil alle so nett sind, sondern weil man Geld dafür bekommt. Geld ist wichtig und notwendig zum Leben und legt das Fundament für Arbeitsverhältnisse. Diese Basis sorgt dafür, dass Menschen jeden Tag zur Arbeit kommen und die Dinge erledigen, die sie auf ihren Schreibtischen oder Werkbänken vorfinden. Wer auch immer darüber hinaus den Einsatz, die Begeisterung und die Kreativität von Menschen für eine Sache gewinnen will, muss diesen Menschen gute Gründe dafür bieten. So widersinnig es auf den ersten Blick erscheinen mag: Geld ist nicht der wichtigste Grund!

Das Interesse eines Mitarbeiters zielt keineswegs nur auf die Produktion von Gütern und Dienstleistungen und den Lohn, den er dafür erhält. Wie man sich an seinem Arbeitsplatz fühlt und wie man sich einbringt, hat viel mehr mit den Kontakten dort zu tun als mit der regelmäßigen Überweisung des Monatslohns.

Das Fundament gelingender Beziehungen

Für eine langfristig gelingende und produktive Beziehung geht es darum, Hilfe dann zu erhalten, wenn man sie braucht, und sie dann zu leisten, wenn sie vom anderen gebraucht wird. Wenn Beziehungen funktionieren sollen, dann gehört dazu, dass eine Hand die andere wäscht. Dazwischen kann durchaus einiges an Zeit liegen. Wechselseitige Unterstützung erzeugt langfristig auf diese Weise das Fundament aller gelingenden Beziehungen, nämlich Vertrauen. Vertrauen ist das Bindemittel im Kopf, das es Menschen in den unterschiedlichsten Zusammenhängen erlaubt, zum gemeinsamen Vorteil zusammen zu leben und zu arbeiten. Helfen wird also nur dann zum Zauberwort in menschlichen Beziehungen, wenn es gegenseitig ist. Der Schlüssel für gelingende Beziehungen liegt im Austausch von Ressourcen! Menschen, die in einem solchen Umfeld leben und arbeiten, werden auch bei hoher Belastung nicht schwächer, sondern wachsen gemeinsam an ihren Herausforderungen.

Alle gesunden Körper sind gleich

Der Arzt zeigt ein neues Bild und sagt: „Sie wissen, dass ich Arzt bin." Er wendet sich dem Geschäftsführer zu und fragt ihn: „Was sehen Sie?"

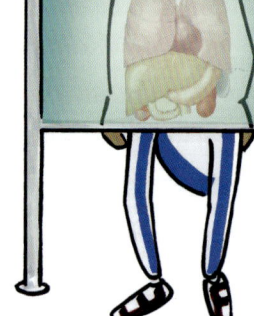

„Ich sehe die Organe des Menschen."

„Stimmt! Und was machen die einzelnen Organe?", fragt der Arzt. „Wie meinen Sie das?", hakt der Geschäftsführer zögernd nach. „Was macht beispielsweise das Herz?" „Es pumpt das Blut durch den Körper." „Was macht die Lunge?" „Sie besorgt den Sauerstoff", antwortet Ilmo. „Ja, auch das stimmt", erwidert der Arzt. „Was macht die Bauchspeicheldrüse?" „Sie produziert Hormone", antwortet ein anderer Teilnehmer. „Auch das ist richtig. Was macht das Gehirn?" „Es verarbeitet Sinneswahrnehmungen und koordiniert Verhaltensweisen", antwortet der Geschäftsführer. „Und für wen machen die Organe das alles?", fragt der Arzt nach.

Ilmo antwortet: „Für den ganzen Körper und damit auch für sich." „Stimmt", sagt der Arzt: „Das heißt, die Organe tauschen ständig Ressourcen und Wissen aus, um gemeinsam gesund zu bleiben." „Oh, so habe ich das noch gar nicht gesehen", erwidert Ilmo. Der Arzt fragt weiter, was wohl passiert, wenn dieses Prinzip des Austausches nicht mehr funktioniert, weil zum Beispiel ein Organ ausfällt oder andere Organe unterdrückt. Ilmo sagt: „Man wird krank." „So ist es", antwortet der Arzt.

Wo liegt der Schlüssel?

„Was ist nun das Geheimnis eines gesunden Körpers?", fragt der Arzt schließlich. Ilmo meldet sich und sagt: „Es ist der Austausch von Stoffen und Informationen".

Der Arzt fragt weiter: „Bei welchem Organ liegt denn nun der Schlüssel für einen gesunden Körper?" Die Teilnehmer überlegen. Niemand meldet sich. Der Arzt hakt nach: „Überlegen Sie noch einmal genau und denken Sie darüber nach, was wir gerade besprochen haben!" „Ich habe es", ruft Ilmo laut. „Der Schlüssel für einen gesunden Körper liegt bei allen Organen!"

„Genauso ist es", sagte der Arzt: „Im Grunde genommen sind alle gesunden Körper gleich, das Wechselspiel der Organe untereinander gelingt bei allen. Kranke Körper unterscheiden sich. Je nachdem welches Organ Probleme verursacht, können daraus unterschiedliche Erkrankungen entstehen. Bei Unternehmen ist das nicht anders. Jetzt können Sie sicher auch meine Frage von vorhin beantworten. Erinnern Sie sich noch, ich hatte gefragt, bei wem der Schlüssel für ein gesundes Unternehmen liegt. Und, wie lautet jetzt Ihre Antwort?"

Alle sind mucksmäuschenstill. Irgendwie scheint es jeder zu wissen und dennoch kann keiner eine Antwort geben. Dann ruft Ilmo: „Der Schlüssel für ein gesundes Unternehmen liegt bei all den Menschen, die im Unternehmen arbeiten!" Jeder ist ein Teil des Ganzen! „Ja", sagt der Arzt. „Genau das ist auch meine Meinung!"

7.2. Gesundes und produktives Arbeiten

- *Ein Schlüsselerlebnis*
- *Die wichtigsten Ergebnisse*
- *In der roten Ecke ist es gefährlich*
- *Gelingende Interaktion – gesunde Atmosphäre*
- *Weiches Thema – harte Fakten*

Ein Schlüsselerlebnis

Der Arzt erzählt: „Ich habe einmal in einem Führungsstab gearbeitet. Dort hatte ich ein Schlüsselerlebnis. Ein neuer Chef des Stabes wurde hinzuversetzt. Dieser Mann verstand es, seine Mitarbeiter meisterlich zu führen. Als Arzt wurde mir klar, dass dieser neue Chef mehr für die Gesundheit der Mitarbeiter tat, als ich das als Arzt je hätte tun können. Das Erlebnis motivierte mich, einige Studien durchzuführen. Ich suchte nach Antworten auf die Frage: Wie können die Menschen in Unternehmen gemeinsam erfolgreich arbeiten und dabei gesund bleiben?"

Die wichtigsten Ergebnisse

Der Doktor stellt danach die wichtigsten Ergebnisse seiner Studien vor.

- Eine achtsame, unterstützende und wertschätzende Unternehmenskultur schützt vor den Einflüssen hoher Arbeitsbelastung.

- Hohe Anforderungen sind insbesondere dann ein gesundheitliches Risiko, wenn gleichzeitig elementare Grundbedürfnisse nicht befriedigt werden.

Auf gut Deutsch bedeutet das: Chronischer Stress aufgrund hoher Anforderungen ist nicht so gesundheitsbelastend wie chronischer Stress aufgrund eines ständigen Mangels an Bedürfnisbefriedigung.

In der roten Ecke ist es gefährlich

Dann zeigt er ein Bild, um das zu verdeutlichen.

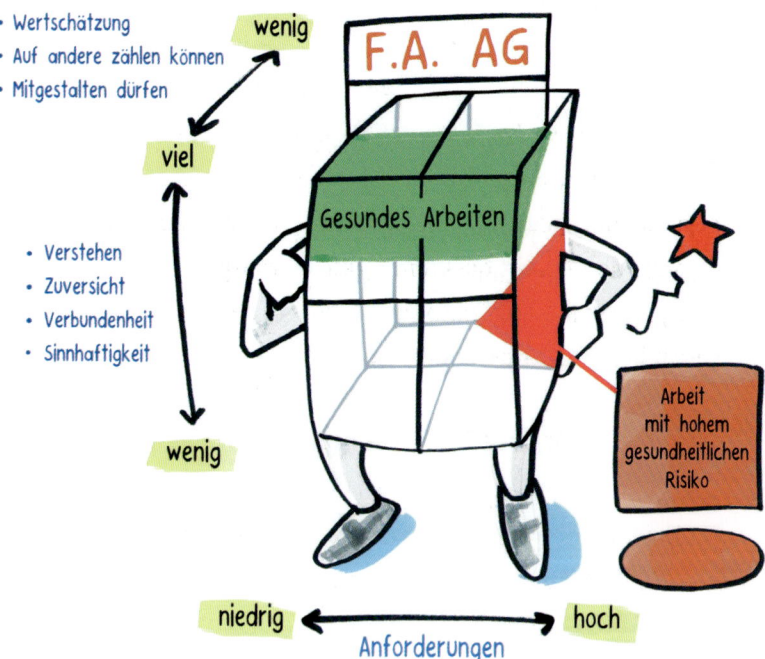

Im roten Dreieck hinten im rechten unteren Teil des Würfels herrschen ungünstige Verhältnisse: Von dem einen (Anforderung) gibt es zu viel und von dem anderen (Ressourcen) zu wenig. In dieser Ecke ist das Arbeiten gefährlich! Hingegen kann man auch bei hohen Anforderungen gesund bleiben, wenn ausreichend Ressourcen vorhanden sind. Das zeigt die grüne Fläche vorne im oberen Teil des Würfels.

Gelingende Interaktion – gesunde Atmosphäre

Bei einer weiteren Untersuchung sollte geklärt werden, inwieweit das Zusammenspiel zwischen Führungskräften und Mitarbeitern als gesundheitsförderlich empfunden wird. Das Ergebnis: Da, wo Führungskräfte und Mitarbeiter sich wechselseitig stärken – wo der Austausch von Ressourcen gelingt –, wird das Arbeiten auch als gesundheitsförderlich eingeschätzt. „Man könnte sagen", ergänzt der Arzt, „dass eine gute Atmosphäre am Arbeitsplatz wie eine Impfung ist, die widerstandsfähiger gegen hohe Anforderungen macht."

Weiches Thema – harte Fakten

„Langfristig gesunde und motivierte Mitarbeiter und der langfristige betriebswirtschaftliche Erfolg eines Unternehmens sind zwei Seiten der gleichen Medaille", fährt er fort. „Das ist eine weitere Erkenntnis, zu der wir gekommen sind", sagt der Arzt. „Wir haben die Daten der SHAPE-Studie – einer Studie mit fast 1000 Teilnehmern – mit den Daten einer anderen großen Studie verknüpft." Das Ergebnis ist, dass eine Unternehmenskultur, die Gesundheit und Leistungsfähigkeit der Mitarbeiter fördert, positive Auswirkungen auf den Betriebserfolg hat.

8. Die Fallstricke in unserem Kopf

8.1. Alles passiert den Speicher der Gefühle und Erfahrungen

- *Jede Erfahrung hinterlässt eine Spur*
- *Wohin mit der Datenflut?*
- *Unser Gehirn filtert und fügt hinzu*

Der Arzt erklärte: „Unser Gehirn ist sozusagen ein Gebilde aus unseren bisher gemachten Erfahrungen. Genauer gesagt, es ist mehr oder weniger ein Gebilde aus unseren bisher gemachten Beziehungserfahrungen. Jede Erfahrung hinterlässt eine Spur."

Wohin mit der Datenflut?

„Wie nehmen wir Menschen unsere Umwelt wahr?" fragt der Arzt. „Durch unsere fünf Sinne", antwortet Ilmo und zählt auf: „Sehen, Tasten, Hören, Riechen, Schmecken." „Genau", antwortet der Arzt, „diese Sinne produzieren eine unfassbare Menge an Rohdaten. Was macht nun unser Gehirn mit der Sinnesflut? Es filtert die scheinbar wichtigsten Informationen heraus. Was als wichtig bewertet wird, hat immer etwas mit unserer aktuellen Lebenssituation zu tun." Der Arzt erzählt ein Beispiel: „Wenn eine Frau schwanger ist, sieht sie im Alltag auf einmal viele schwangere Frauen. Wenn Sie von einem bestimmten Luxusauto träumen, sehen Sie auf einmal viel öfter dieses Auto. Das heißt nicht, dass es jetzt mehr Schwangere oder mehr von diesen Luxusautos gibt. Ihr Gehirn hat nur anders gefiltert als sonst."

Unser Gehirn filtert und fügt hinzu

Der Arzt erklärt weiter, dass das das Gehirn nur zwei bis drei Prozent des gesamten Körpergewichts ausmacht. Es verbraucht jedoch eine enorme Menge an Energie. Deshalb arbeitet das Gehirn im Energiesparmodus. Es versucht, jede überflüssige Anstrengung zu vermeiden. Damit die Datenverarbeitung möglichst schnell geht, filtert unser Gehirn die Daten, indem es auf bisher gemachte Erfahrungen und Gefühle zurückgreift. Jeder eingehende

Reiz muss also den Filter der Gefühle und Erfahrungen passieren. Diese Filter sind bei jedem Menschen anders, weil jeder Mensch in seinem Leben unterschiedliche Erfahrungen macht. Das ist übrigens bei Unternehmen genauso. Auch sie haben ihre eigenen Erfahrungsfilter. Dann zeigt der Arzt auf ein weiteres Bild.

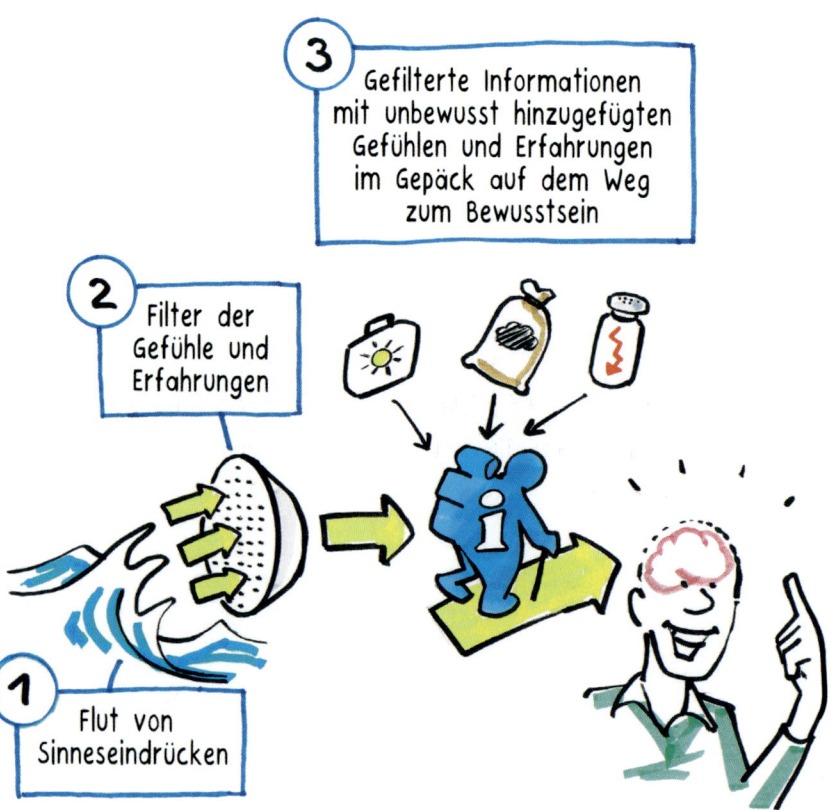

„Die Erfahrungsfilter beeinflussen also unbewusst, was aus Sinneseindrücken gemacht wird und welche bisher gemachten Erfahrungen oder welches bisher gemachte Gefühl hinzugefügt wird. Wahrgenommen wird immer ein Mix aus gefilterten Informationen und hinzugefügten Erfahrungen und Gefühlen", führt der Arzt aus und fügt hinzu: „Dieser energiesparende und auch sinnvolle Mechanismus kann jedoch dazu führen, dass wir in Fallen geraten, aus denen wir nur schwer wieder herauskommen." Im Raum könnte man jetzt eine Nadel fallen hören. Alle Zuhörer sind wie gebannt von dem, was der Arzt vorträgt.

8.2. Raus aus der Falle

- *Der Fallstrick des Zöllners*
- *Das geht nicht! – Der Fallstrick des Unternehmens*
- *Einen großen Trend verpasst*
- *Der Fallstrick beim „Managen" der Gesundheit*

Der Fallstrick des Zöllners

„Warum kam der Zöllner, von dem wir vorher gesprochen haben, nicht aus seiner Falle heraus?", fragt der Arzt. „Er hatte unbewusst die Überzeugung in sein Gehirn hineingeladen, dass etwas mit dem Sandsack nicht stimmt. Und da das ganz unbewusst passierte, konnte er

nicht anders handeln, er kam aus seiner Falle der in die
Irre führenden Wahrnehmung nicht heraus." Das könne
auch Unternehmen so gehen, meint der Doktor und erzählt das folgende Beispiel.

Das geht nicht! – Der Fallstrick des Unternehmens

Vor vielen Jahren standen drei junge Männer vor der
Tür eines deutschen Technologiekonzerns. Sie arbeiteten
daran, über das Internet zu telefonieren, und wollten ihr
Konzept vorstellen. Man ließ die Jungunternehmer ab-
blitzen. Später entstand aus ihren Ideen ein Weltkonzern.
Das deutsche Großunternehmen hatte damals die Umfeld-Veränderungen nicht erkannt und verpasste somit
einen großen Trend.
Dieser Technologiekonzern war aufgrund seiner bisherigen Erfahrungen und aufgrund seiner Vorstellung von
der Welt davon überzeugt, dass Telefonieren über das Internet unmöglich sei. „Ab diesem Moment war die Chan-
ce vertan, zu erkennen, dass die Welt der Technologie
vor einem großen Umbruch stand", fasst der Doktor die
Geschichte zusammen.

Einen großen Trend verpasst

Jetzt meldet sich Ilmo: „Mein Freund arbeitete früher
bei einem sehr erfolgreichen Hersteller von Handys. Er
verdiente gut und nichts schien sicherer zu sein als sein

Arbeitsplatz. Doch dann kam es zu einer Veränderung des Umfeldes. Das iPhone kam auf den Markt. Der Handyhersteller hatte genau das unterschätzt und es nicht geschafft, mit kreativen Lösungen gegenzusteuern. Mein Freund hat seinen Arbeitsplatz und der Handyhersteller viel von seiner ehemaligen Bedeutung verloren."

Der Fallstrick beim „Managen" der Gesundheit

Der Arzt fährt fort: „Auch beim Betrieblichen Gesundheitsmanagement kann man sich in eine Falle begeben. Man sollte nicht denken, dass man ein Unternehmen schon dadurch gesünder machen kann, indem man etwas Gesundes unternimmt."

Dann erzählt der Arzt von einem Erlebnis in einem Unternehmen. „Vor einigen Monaten hatte ein Unternehmen zu einem Workshop eingeladen. Das Unternehmen hat ein Betriebliches Gesundheitsmanagement, das so gut ausgestattet ist, dass wahrscheinlich jede Kurklinik neidisch geworden wäre. Dennoch war der Krankenstand im Unternehmen auf zeitweise 18 Prozent angestiegen. Der Geschäftsführer fragte mich verzweifelt, ob ich als Arzt noch ein paar Ideen hätte, was man noch machen könnte.

Meine Einschätzung war, dass das Unternehmen eigentlich nichts falsch machte bei dem Bemühen, etwas Gesundes zu unternehmen. Das Problem war aber, dass das Entscheidende nicht getan wurde – und zwar, sich um die Atmosphäre im Unternehmen zu kümmern. Das, was das Unternehmen machte, machte es richtig. Nur das eigentlich Richtige machte es noch nicht."

9. Die Chancen in unserem Kopf

9.1. Auf der Suche nach dem Geheimnis des Gelingens

- *Der gemeinsame Nenner*
- *Im Moment der Begegnung zählt nur die Balance*
- *Richtige Ansprache ist das günstigste Ressour-cen-Beschaffungs-Instrument*
- *Opposition bewahrt vor Fehlern*

Der gemeinsame Nenner

Dann erzählt der Arzt von einer weiteren Erfahrung, die er in seinem Berufsleben gemacht hat. Er arbeitete viele Jahre in einer internationalen medizinischen Einrichtung, die einen großen Führungsstab zu betreuen hatte.

„Nach einigen Monaten und vielen Gesprächen mit meinen Patienten habe ich ziemlich gut abschätzen können, in welchen Abteilungen das Zusammenarbeiten gelang. Ich habe dann gezielt die Führungskräfte interviewt, die von ihren Mitarbeitern sowohl menschlich als auch fachlich geschätzt wurden. Ich wollte herausfinden, was das Geheimnis ihres Gelingens ist. Ich suchte eine Antwort auf die Frage, ob es einen gemeinsamen Nenner im Verhalten dieser Führungskräfte gibt. Was ist der Grund dafür, dass ihre Mitarbeiter loyal und engagiert sind?"

Ilmo und seine Kollegen lauschen gespannt und können es kaum abwarten, die Lösung zu erfahren. Schließlich fragt der Arzt: „Was, glauben Sie, ist der gemeinsame Nenner im Verhalten all jener Führungskräfte gewesen? Können Sie die Frage mit einem Satz beantworten?"

Ilmo und seine Kollegen denken nach und endlich meldet sich Ilmos Arbeitskollege und sagt: „Diese Vorgesetzten waren in etwa so, wie wir uns vorhin bei dem Gedankenspiel einen guten Vorgesetzten vorgestellt haben." „Ja", antwortet der Arzt, „Sie haben es auf den Punkt gebracht!"

Im Moment der Begegnung zählt nur die Balance

Dann erzählte der Arzt weiter. „Jeder dieser Chefs hatte einen deutlich höheren Dienstgrad als ich. Ich habe damals lange darüber nachgedacht, warum ich bei den Interviews ein gutes Gefühl hatte. Im Nachhinein ist die Antwort ganz einfach: Meine Interviewpartner sind mir auf Augenhöhe begegnet. Als ich später dem höchsten Dienstgrad vor Ort von meinen Erfahrungen berichtete, sagte er zu mir, dass im Moment der Begegnung nur die Balance zählt. Das heißt, alle sind im Moment der Begegnung gleich. Er ergänzte, dass er seine Mitarbeiter öffnen möchte, damit sie sich entfalten können. Erst dann könnten sie gemeinsam auch große Sprünge machen."

Der Arzt fuhr fort: „Wenn er seinen Dienstgrad benutzt hätte, um sich über die Mitarbeiter zu stellen, dann hätte er sie nicht erreicht. Sie wissen ja, es gibt weitaus wichtigere Gründe für den Respekt der Mitarbeiter als eine höhere Gehaltsstufe."

Richtige Ansprache ist das günstigste Ressourcen-Beschaffungs-Instrument

Einen Satz habe ich nie mehr vergessen, sagt der Arzt: „Es kostet keinen Cent, anderen achtsam und wertschätzend zu begegnen." „Genau!", ruft Ilmo in die Runde: „Wer andere ständig zur Schnecke macht, darf sich nicht wundern, wenn es langsam vorangeht." Das finden alle lustig und lachen.

Opposition bewahrt vor Fehlern

Die genannten Führungskräfte hatten allesamt eine weitere gemeinsame Eigenschaft. Sie ermöglichten eine Atmosphäre, bei der Bedenken gegen ihre eigenen Vorstellungen geäußert werden durften.

„Ich habe daraus noch etwas gelernt", erzählt der Arzt weiter. „Starke Führungskräfte fragen ihre Mitarbeiter vor wichtigen Entscheidungen nach ihrer Meinung. Das tut nicht nur dem Mitarbeiter gut, sondern bewahrt den Vorgesetzten auch vor Fehlern. Wir selbst sehen unsere Fehler und unsere Verhaltensmuster nicht so gut, wie andere das können. Menschen aus unserem Umfeld sehen unsere Schwächen sozusagen mit dem Vergrößerungsglas. Es wäre unklug, sich diesen wichtigen Hinweisen zu verschließen."

9.2. Erinnern Sie sich?

- *Am schnellsten kommt man voran, wenn der Stärkste dabei ist*
- *Der Geschäftsführer erinnert sich*
- *Keine Angst vor Mathematik*
- *Keine Angst vor dem Eiffelturm – ein Freund macht Mut*
- *Ilmo kann mehr, als er kann*
- *Positive Erfahrungen – Chancen in unserem Kopf*

Am schnellsten kommt man voran,
wenn der Stärkste dabei ist

Der Arzt bittet nun den Chef nach vorne und sagt leicht grinsend zu den Teilnehmern: „Ihr Chef war auch eine Arbeitsgruppe." Der Geschäftsführer stellt sich ein wenig betroffen vor die Teilnehmer und sagt: „Es tut mir leid, dass ich heute Morgen weggehen musste. Sie haben sicherlich auch bemerkt, dass mich der Arzt hinausbegleitete. Zum Glück gab er mir den Tipp, wenn irgend möglich später wieder hierher zurückzukommen."

Der Doktor habe ihm ins Gewissen geredet: „Sie haben uns hier eingeladen, Sie bewerten die Veranstaltung als wichtig und haben keine Zeit, daran teilzunehmen. Das passt nicht zusammen. Wenn man etwas ändern möchte, kommt man besonders dann schnell voran, wenn der Stärkste mitmacht." Das habe ihm zu denken gegeben und so sei er nun wieder zurückgekommen, um doch bei der Veranstaltung anwesend zu sein. Ilmo und seine Kollegen sehen einander erstaunt und zustimmend an.

„Nicht nur das", fährt der Geschäftsführer fort. „Der Arzt gab mir folgende Aufgabe, über die ich nachdenken sollte. Er erzählte mir von dem Gedankenspiel ‚Der ideale Chef'. Ich sollte erraten, welche Antworten Sie wohl finden werden. Ich möchte Ihnen nun meine Vermutungen vortragen."

Alle hören gespannt zu und sind ziemlich erstaunt. Im Grunde genommen hat der Geschäftsführer genau das geahnt, was auch die Arbeitsgruppen zusammengetragen haben. Der Geschäftsführer fährt fort: „Der Arzt gab mir noch eine weitere Aufgabe. Ich sollte mich an eine Situation in meinem Leben erinnern, bei der es einer anderen

Person einmal gelungen ist, so auf mich einzuwirken, dass ich etwas Besonderes leisten oder sogar über mich hinauswachsen konnte. Dann sollte ich darüber nachdenken, was diese Person gemacht, gesagt oder getan hat." Alle im Raum sind gespannt und es ist mucksmäuschenstill, als der Geschäftsführer zu erzählen anfängt.

Der Geschäftsführer erinnert sich

„In der Grundschule war ich früher ziemlich gut, die Noten stimmten. Dann stand ein Schulwechsel an. Ich sollte eine höhere Schule in der Stadt besuchen. Das war eine aufregende Angelegenheit. Vom kleinen Dorf in die große Stadt war es ein großer Schritt in meinem Leben. Nach einer Woche an der neuen Schule stand die erste Klassenarbeit an. Es war eine Mathematikarbeit. Der Lehrer war ein komischer Typ, dem es nicht gelang, von den Schülern gemocht zu werden oder gar das Interesse an Mathematik zu wecken. Ich war ziemlich aufgeregt und hatte beim Abgeben der Arbeit ein schlechtes Gefühl. So kam es, wie es kommen musste. Ich hatte eine Fünf geschrieben.

Als der Lehrer mir mein Heft zurückgab, sagte er mit furchterregender Stimme: ‚Mit einer Fünf in Mathe wird an dieser Schule niemand versetzt.' Sie können sich vielleicht vorstellen, wie die nächsten Mathearbeiten ausgingen. Immer war ich aufgeregt und immer machte ich dumme Fehler. Aber wie es im Leben manchmal so ist, des einen Unglück ist des anderen Glück. Was passierte? Der Mathelehrer hatte sich beim Skifahren den Knöchel gebrochen und fiel für einige Monate aus. Wir bekamen einen neuen Mathelehrer."

Keine Angst vor Mathematik

„Dieser Mann war ganz anders als sein Vorgänger. Der Mathematikunterricht machte auf einmal viel mehr Spaß. Als nach einigen Tagen eine weitere Mathearbeit anstand und ich sehr unruhig und ängstlich wurde, sagte er zu mir: ‚Karl, bleib ganz entspannt. Ich weiß, was du kannst! Egal was du heute für eine Note schreibst, es wird meine positive Meinung über deine mathematischen Fähigkeiten nicht ändern.'

Wie durch ein Wunder schrieb ich eine gute Note. Im Verlauf der Zeit wurde mein Interesse an der Mathematik immer mehr geweckt. Und wie Sie wissen, wurde ich Physiker und dabei wird Mathematik gebraucht." Alle zollten dem Geschäftsführer Beifall für diese Erinnerung aus seiner Kindheit. Der Arzt sagte: „Wenn Sie heute Abend zu Hause sind, können Sie selbst einmal darüber nachdenken, ob auch Sie sich an etwas Ähnliches erinnern können."

Keine Angst vor dem Eiffelturm
– ein Freund macht Mut

Nun steht ein Workshop-Teilnehmer auf und möchte seine Geschichte gerne sofort erzählen. „Oh", sagt der Arzt, „vielleicht können Sie die Geschichte einmal bei einer anderen Veranstaltung erzählen." Ilmo und seine Kollegen sind enttäuscht, sie hätten die Geschichte gerne gehört. Da ergreift der Geschäftsführer das Wort und sagt: „Ich möchte sie gerne hören." „In Ordnung", sagte der Arzt, „dann mal los!"

Ilmos Kollege steht auf und fängt an zu erzählen: „Ich war 14 Jahre alt, als ich mit meinem besten Freund in Paris unter dem Eiffelturm stand. Mein Freund wollte gerne über die Treppe zur zweiten Etage gehen, um über Paris blicken zu können.

Ich hatte Höhenangst und wollte nicht mitkommen. Mein Freund sagte, es seien 704 Treppenstufen bis zum zweiten Stock. Er nehme mich an die Hand. Wenn ich nicht mehr weitergehen wollte, könnten wir wieder umdrehen und zurücklaufen. Zwischendurch war ich oft nahe daran aufzugeben. Doch mein Freund gab mir ein gutes Gefühl und nahm mir damit meine Angst. Ich habe es bis zur zweiten Etage geschafft. 115 Meter, so hoch war ich noch nie gekommen."

Ilmo kann mehr, als er kann

Ilmo meldet sich aufgeregt und sagt: „Ich erinnere mich noch gerne an meinen alten Chef. Immer wenn ich Zweifel hatte, ob ich eine schwierige Aufgabe schaffen könnte, sagte er zu mir: ‚Ilmo, du kannst mehr, als du kannst, und außerdem bin ich auch noch da!‘ Das tat mir immer sehr gut, so gut, dass ich gerne zur Arbeit ging."

Positive Erfahrungen
– Chancen in unserem Kopf

Der Arzt lässt alle im Raum eine Weile über die drei Erlebnisse nachdenken und ergreift dann wieder das Wort. Er fragt in die Runde: „Welche Gemeinsamkeit haben die gerade geschilderten Geschichten?" Ilmo meldet sich sofort und erklärt: „Bei allen Geschichten war jemand, der Angst genommen und Mut gemacht hat." Ilmos Kollegen nicken zustimmend.

„Ja, das sehe ich auch so", meint der Arzt. „Alle haben eine positive Erfahrung gemacht. Und das hat ihnen dabei geholfen, Angst zu überwinden und etwas ganz Besonderes zu leisten. Ich habe viele solche Geschichten gesammelt von Menschen aus den unterschiedlichsten Ländern und Kontinenten. Diese ‚Kraftquellen‘ und ‚Mutmacher‘ können Sie sich hier im Unternehmen tagtäglich wechselseitig zukommen lassen. Erinnern Sie sich doch noch einmal an unser Gedankenexperiment.

Auch hier hat eine positive Beziehungserfahrung bei Ihnen Positives bewirkt, und zwar zum Vorteil aller." Der Arzt wendet sich Ilmo zu: „Sie haben sich vorhin daran erinnert, dass Ihr früherer Chef immer gesagt hat: ‚Ilmo, du kannst mehr, als du kannst!'

Er hat recht! Wir Menschen haben erstaunliche Entwicklungsmöglichkeiten und viele dieser Möglichkeiten warten nur darauf, dass man sie in uns weckt."

9.3. Was sagt die Geschichte?

- *Wecken anstatt befehlen*
- *Vom vielen Wiegen wird die Sau nicht fett*
- *Alles braucht seine Zeit*

Wecken anstatt befehlen

Ein literarisches Beispiel für Führungskunst und das Ausbilden von angelegten Begabungen findet sich in Schillers „Wallenstein". Dort lässt Schiller den Oberst Max Piccolomini Folgendes über den Feldherrn Wallenstein sagen:

„Und eine Lust ist's, wie er alles weckt und stärkt … Jedwedem zieht er seine Kraft hervor …"

(Friedrich Schiller, 1759 – 1805)

Vom vielen Wiegen wird die Sau nicht fett

„Nicht Kontrolle ist Hauptführungsaufgabe, sondern das Schaffen eines sozialen Interaktionsfeldes."

(Georg Wilhelm Friedrich Hegel, 1770 – 1831)

Ilmos Kollege meldet sich und ergänzt: „Bei uns auf dem Dorf würde man einfach sagen: Vom vielen Wiegen wird die Sau nicht fett." Alle müssen wieder lachen.

Alles braucht seine Zeit

„Aber manchmal dauert es etwas länger, bis wichtige Dinge verstanden werden", sagt der Arzt schmunzelnd und zeigt das nächste Zitat:
„Es ist den Angestellten verboten, miteinander zu sprechen!"

(Büroordnung von 1918)

Die Teilnehmer müssen laut lachen.

9.4. Das Briefgeheimnis wird gelüftet

- *Nichts Neues*
- *„Gesundes" tun heißt nicht, gesund zu sein*
- *Erkennen, was man längst schon weiß*

Nichts Neues

Der Arzt bittet nun Ilmo, den verschlossenen Brief, den er ihm vorher anvertraut hat, zu öffnen. Dann fordert er Ilmo auf vorzulesen. Ilmo liest: Liebe Teilnehmer an unserem Workshop! Meine Einschätzung vor dem Workshop mit Ihnen war folgende: Im Grunde genommen wussten Sie schon längst, was ich bei meinen Studien herausgefunden habe. Nichts davon ist neu, wie wir gerade gesehen haben. Meine Erwartung bezüglich des Gedankenspieles „Der ideale Chef" war:

- Alle oder zumindest die meisten von Ihnen werden irgendetwas erwähnen, was Ihnen ein gutes Gefühl gibt.
- Niemand oder nur wenige werden sagen, dass dieser Chef Ihnen mehr Geld gibt.

„Gesundes" tun heißt nicht, gesund zu sein

Meine Erwartung bezüglich der größten Einflussfaktoren auf die Gesundheit war: Bei der Reihenfolge werden nicht die klassischen Maßnahmen, die irgendetwas Gesundes bedeuten sollen, von Ihnen als die wichtigsten gesehen. Nein, Sie werden wahrscheinlich die Art und Weise, wie man im Unternehmen miteinander umgeht, als besonders bedeutsam für die Gesundheit im Unternehmen beschreiben.

Erkennen, was man längst schon weiß

Sie werden also erkennen:

- Gesundheit in Unternehmen hat ziemlich wenig mit Medizin zu tun!
- Gesundheit in Unternehmen hat ziemlich viel mit dem Umgang miteinander zu tun!
- Sie werden erkennen, dass der Schlüssel für ein „gesundes" Unternehmen bei all den Menschen liegt, die im Unternehmen zusammenarbeiten.

Ilmo hebt den Kopf, blickt in die Runde und sagt, „Leute, warum ist es im Alltag so leicht, den Nutzen von gelingendem Miteinander zu ignorieren, und warum ist es so schwer, ihn zu bekommen?" Der Arzt lässt den Teilnehmern Zeit, um über Ilmos Frage nachzudenken.

10. Vom Wissen zum Handeln

10.1. Der Blickwinkel ist erweitert

- *Was hat der Geschäftsführer gelernt?*
- *Man verlässt den Chef, nicht die Firma*
- *Was haben die Mitarbeiter gelernt?*
- *Stark ist, was auf Resonanz trifft*

Was hat der Geschäftsführer gelernt?

Nach einer Weile wendet sich der Arzt dem Geschäftsführer zu: „Was nehmen Sie aus unserem Beisammensein mit?" Der Geschäftsführer überlegt kurz und sagt: „Ich habe heute noch besser verstanden, was es heißt,

Menschen ein gutes Gefühl zu geben." „Beschreiben Sie das bitte näher", fordert ihn der der Arzt auf. Nun sind alle Blicke neugierig auf den Geschäftsführer gerichtet. „Zum Wohlbefinden eines Menschen gehören gute Gefühle. Das Wissen um Akzeptanz, Respekt und Anerkennung macht gute Gefühle." Ilmo und seine Kollegen schauen sich an und wahrscheinlich denkt jeder: „So einen schönen Satz hätten wir unserem Geschäftsführer gar nicht zugetraut."

- Wenn man anderen auf Augenhöhe begegnet, gibt man ihnen Ansehen.
- Wenn man sie wahrnimmt, gibt man ihnen Bedeutung.

Mit Blick auf den Geschäftsführer gerichtet, ergänzt der Arzt: „Das sind die ‚guten Gründe', die Menschen brauchen, wenn man ihr Engagement für eine Sache gewinnen will."

Man verlässt den Chef, nicht die Firma

Der Geschäftsführer beklagt, dass in den letzten Jahren viele gute Mitarbeiterinnen und Mitarbeiter das Unternehmen verlassen haben. Darunter nicht nur ältere Mitarbeiter, die sich vorzeitig nach dem Ruhestand sehnten, sondern auch viele jüngere. Das sei sehr schmerzlich für das Unternehmen.

Der Arzt will wissen, ob der Geschäftsführer diese Mitarbeiter gefragt hat, warum sie gehen. „Nein", antwortet der Geschäftsführer, „nicht systematisch."

„Das sollten Sie aber tun!", erwidert der Arzt. „Es sollte Sie interessieren, warum die Mitarbeiter das Unternehmen verlassen. Ich habe die Erfahrung gemacht, dass einer der Hauptgründe für eine Kündigung ein gestörtes Verhältnis zwischen Mitarbeitern und Vorgesetzten ist."

„Sie haben recht", entgegnet der Geschäftsführer, „Ich erinnere mich noch an das eine oder andere Gespräch und mir wird bewusst, dass viele derjenigen, die gegangen sind, nicht die Firma, sondern ihren Chef verlassen haben. Da war ich nicht hellhörig genug und habe mich zu sehr auf die Aussagen der Chefs verlassen."

Was haben die Mitarbeiter gelernt?

Dann wendet sich der Arzt Ilmo und den übrigen Teilnehmern zu und will wissen, was sie gelernt haben. Ilmo meldet sich zu Wort: „Im Physikunterricht habe ich erfahren, dass Systeme nach Gleichgewicht streben. So ist es auch bei unserem Körper und auch in zwischenmenschlichen Beziehungen. Entscheidend ist der Austausch von Geben und Nehmen." „Ja", ergänzt ein Kollege mit Blick auf den Arzt: „Ich habe gelernt, wir alle sind verantwortlich für das, was hier bei uns gelingt oder auch misslingt." Wieder nicken alle zustimmend.

Dann erzählt der Geschäftsführer, dass seine Ausbildung zur Führungskraft weitgehend darin bestand, effizienzorientiert zu handeln und auf Gewinnmaximierung bedacht zu sein. „Höher, schneller, weiter", sei die Devise gewesen.

Außerdem glaubte er immer, er müsse seine Vorstellungen auf jeden Fall durchsetzen. Sein Vorgänger habe ihm immer geraten: „Achten Sie darauf, dass Sie in dem Beurteilungsmerkmal ‚Durchsetzungsvermögen' eine Eins haben." Heute wisse er besser als gestern, dass ein Plan, den man nicht ändern könne, ein schlechter Plan sei. In der jetzigen schnelllebigen Zeit mit instabiler Marktdynamik sollte man mehr denn je in der Lage sein, gestrige Vorstellungen zu überdenken. Lösungen, die gemeinsam gefunden werden, haben mehr Akzeptanz. Der Ton mache die Musik und gute Töne führen zu mehr Resonanz.

10.2. Die Welt verändert sich

- *Vorsicht, Umfeld-Veränderung!*
- *Herausforderung für Unternehmen*

Vorsicht, Umfeld-Veränderung!

Der Arzt sagt: „Wir alle erleben, dass unser Umfeld sich rasant verändert. Manchmal sogar noch schneller, als das Wetter sich ändert." Ilmo ist sehr gespannt, was als Nächstes kommt.

„Ich denke, dass 99 Prozent aller Arten, die jemals auf der Erde gelebt haben, ausgestorben sind. Genauso vermute ich, dass es 99 Prozent aller Firmen, die es je gegeben hat, nicht mehr gibt. Was sind die Gründe? Meist wurde unterschätzt, wie schnell sich das Umfeld verändert. Und es fehlten kreative Lösungen, um bei dem Wandel der Zeit nicht auf der Strecke zu bleiben."

Betrachtet man den Entwicklungsprozess im Laufe der Erdgeschichte, heißt das auf heutige Unternehmen übertragen: Nicht diejenigen, die heute groß und stark sind, werden den Wandel überleben. Schaffen werden es nur diejenigen, die sich dem veränderten Umfeld schnell anpassen können."

Herausforderung für Unternehmen:

„Wie wir gerade gesehen haben", sagt der Arzt, „stehen die Unternehmen vor der Herausforderung, dass die Umfeld-Veränderungen immer schneller werden. Die ökonomischen Grundlagen unterliegen einem ständigen Wandel. Die Sicherheit der Arbeitsplätze hängt davon ab, ob und wie schnell die Unternehmen auf diese Veränderungen reagieren können. Diese Herausforderungen können in der heutigen Zeit am besten mit Hilfe von Wissen gemeistert werden. Dabei geht es nicht so sehr um das Wissen da draußen im Internet. Es geht um Menschen, die dieses Wissen haben und anwenden können."

10.3. Was nun?

- *Ein Umsetzungsproblem*
- *Der Werkzeugkasten der Medizin*

Ein Umsetzungsproblem

„Im Grunde genommen wissen Sie längst, wie gelingende Zusammenarbeit funktionieren könnte", sagt der Arzt seinen Zuhörern: „Sie haben weniger ein Erkenntnisproblem als ein Umsetzungsproblem." Einer von Ilmos Kollegen meldet sich zu Wort und erinnert daran, dass nach der letzten Befragung vor zwei Jahren Leitlinien für die Unternehmenskultur herausgegeben wurden. „Alles, was darin steht, klingt gut. Nur wurden die Leitlinien nie mit Leben gefüllt, sodass sich meist nichts änderte." Das müsse sich ändern, damit die Glaubwürdigkeit wieder hergestellt werde, meint er. „Was müssten Sie tun, damit Ihr Wissen besser wirksam werden kann? Haben Sie eine Antwort?", fragt der Arzt. Schweigen im Raum. „Können Sie als Mediziner uns helfen?", fragt Ilmo nach.

Der Werkzeugkasten der Medizin

Der Arzt antwortet: „Der Werkzeugkasten der modernen Medizin ist prall gefüllt mit technischen und pharmakologischen Errungenschaften. Für die Probleme in Ihrem

Unternehmen gibt es jedoch keine technische oder chemische Lösung. Wie belastbar das Leben für Sie am Arbeitsplatz ist, kann durch Medikamente oder den Gang zum Arzt nur wenig beeinflusst werden.

„Wenn ihr Wissen Früchte tragen soll, müssen Sie bei der Atmosphäre in ihrem Unternehmen ansetzen – hier verbringen Sie einen großen Teil ihrer Lebenszeit."

11. Das Unternehmen berät sich selbst

11.1. Betriebliches Miteinander-Management

- *Ein eigener Werkzeugkoffer*
- *Was gilt es zu managen?*
- *Die Mitarbeiter sind die Experten*
- *Nutzbares Wissen kommt in Form von Menschen daher*

Ein eigener Werkzeugkoffer

Ilmo sagt mit einem leichten Grinsen: „Dann brauchen wir also einen eigenen Werkzeugkasten"? „Ja, so etwas Ähnliches", antwortet der Arzt. „Haben Sie eine Idee?" Nach kurzem Überlegen schlägt Ilmo vor: „Sie haben vorhin einen Philosophen zitiert, der schon vor Hunderten von Jahren sagte, dass Arbeit soziale Interaktion ist. Ich schlage vor, dass unser ‚Betriebliches Gesundheitsmanagement' durch ein ‚Betriebliches Miteinander-Management' ergänzt wird." „Das ist ein großartiger Vorschlag", sagt der Arzt und fragt weiter „Was genau möchten Sie managen?"

Was gilt es zu managen?

„Nun", antwortet Ilmo, „wir haben vorhin eindeutig festgestellt, dass die Art und Weise, wie wir miteinander umgehen, den größten Einfluss auf unsere Gesundheit hat. Auch ein sicherer Arbeitsplatz ist für uns etwas sehr Wichtiges. Sicher ist unser Arbeitsplatz, wenn unser Unternehmen gesund ist. Und das ist wiederum abhängig von gesunden und produktiven Mitarbeitern. Sie sehen, unsere Gesundheit und die Gesundheit des Unternehmens sind zwei Seiten derselben Medaille. Also wissen wir jetzt auch, was es zu managen gilt!"

„Wie wollen Sie das machen?", fragt der Arzt neugierig. „Möchten Sie dazu den Rat von Experten einholen?"

Die Mitarbeiter sind die Experten

„Nein!", sagt Ilmo, „der Workshop hat gezeigt, dass wir im Grunde genommen schon alles wissen. Auch Sie haben das immer wieder gesagt und Sie sind der Meinung, dass wir jetzt nur noch das Umsetzungsproblem meistern müssen." Ilmos Kollegen und auch der Geschäftsführer stimmen kopfnickend zu.

„Ja", sagt der Arzt: „Ich habe die Erfahrung gemacht, dass Veränderungen und Verbesserungen dann am besten greifen, wenn sie aus den eigenen Reihen kommen."

Nutzbares Wissen kommt in Form von Menschen daher

Dann weist der Arzt darauf hin, dass die Antwort auf drängende Fragen oft näher liegt, als man denkt, und erzählt ein Beispiel. „Jerry Sternen erlebte das Folgende in Vietnam, wo er sich im Rahmen seiner Arbeit um die Unterernährung von Kindern in einem Dorf kümmerte. Da keine Geldmittel zur Verfügung standen, war die Ausgabe von Nahrungsmitteln keine Option. Im Rahmen einer medizinischen Untersuchung der Jungen und Mädchen wurde deutlich, dass ein kleiner Teil der Kinder nicht an Mangelernährung litt. Als Sternen diesen Sonderfällen nachging, stieß er darauf, dass in den Elternhäusern dieser Kinder anders gekocht wurde. Zur Lösung des Problems organisierte der Entwicklungshelfer Kochkurse, in denen diese Eltern ihre Kochrezepte und ihre Art des Kochens an ihre Nachbarn weitergaben." Dann fragt der Arzt, was die Moral von der Geschichte ist.

Nach kurzem Überlegen meint Ilmo: „Das Wissen, wie man besser kocht, war schon da. Es war nur noch nicht so kommuniziert, dass es alle wissen. Da das Wissen aus den eigenen Reihen kam, wurde es dann auch angenommen, sodass es schließlich auch wirksam werden konnte." Ilmos Kollege ergänzt noch: „Wenn man echte Probleme vor Ort lösen muss, kommt es darauf an, dass Probleme und diejenigen, die mit ihnen umgehen können, zusammenfinden." Wieder zustimmendes Nicken im Raum.

11.2. Wünsche können wahr werden

- *Was wünscht sich der Geschäftsführer?*
- *Was wünschen sich die Mitarbeiter?*

Was wünscht sich der Geschäftsführer?

Dann wendet sich der Arzt wieder dem Geschäftsführer zu. „Wie gefällt Ihnen Ilmos Vorschlag, ein Betriebliches Miteinander-Management zu etablieren?" „Sehr gut!", antwortet der Geschäftsführer und ergänzt, dass er unbedingt zum Projektteam gehören möchte. „Was wäre denn Ihr wichtigster Wunsch in Bezug auf die Ziele des Projekts?", will der Arzt vom Geschäftsführer wissen. Der Geschäftsführer überlegt kurz und antwortet: „Ich bin schon sehr betroffen, dass weniger als 20 Prozent der Mitarbeiter eine wirkliche emotionale Verbundenheit mit dem Unternehmen haben. Nach allem, was ich heute gelernt habe, wünsche ich mir, dass mehr Mitarbeiter aus einem Status des bloßen Dabeiseins zu aktiven und langfristig engagierten Kollegen werden, die die Zukunft des Unternehmens mitgestalten möchten. Mir ist bewusst, dass ich selbst einen großen Beitrag dazu leisten kann." Das ist ein starker Satz, denkt Ilmo.

Was wünschen sich die Mitarbeiter?

Nun fragt der Arzt die Mitarbeiter, was sie sich von dem Projekt erhoffen. Ilmo meldet sich wieder und sagt: „Im Grunde genommen haben wir das vorhin bei dem Gedankenspiel schon zum Ausdruck gebracht. Wir wollen gerne zur Arbeit kommen und wir wollen uns auch mit aller Kraft zum Wohl des Unternehmens einbringen." Dann lacht er verschmitzt und ergänzt: „Wir wollen uns wieder auf den Montag freuen!" Sehr beeindruckt von diesen Ausführungen fragt der Arzt in die Runde: „Was werden Sie jetzt machen?"

11.3. Bedienungsanleitung für ein Vermögen

- *Erfolg ist eine Folgeerscheinung*
- *Wo drückt der Schuh?*
- *Das Wissen soll wirksam werden*
- *Das Projekt hat einen Namen*

Der Geschäftsführer hält kurz inne und appelliert an alle Teilnehmer: „Lassen Sie uns daran arbeiten, gemeinsam erfolgreich zu arbeiten, dann werden wir auch Erfolg haben!" Der Arzt nickt und bestätigt: „Ja, es liegt an Ihnen! Erfolg ist eine Folgeerscheinung!"

Erfolg ist eine Folgeerscheinung

Der Arzt erinnert noch einmal an das Beispiel vom Körper und seinen Organen. „Alle gesunden Körper gleichen einander, jeder kranke Körper ist auf seine eigene Weise krank", erläutert er und fährt fort: „Während bei einem gesunden Körper viele Faktoren stimmen, weil alle Organe untereinander Informationen und Ressourcen austauschen, braucht nur ein kleiner Faktor irgendwo nicht zu stimmen, damit ein Körper krank wird.

Dieses Prinzip lässt sich auch auf andere Bereiche übertragen, zum Beispiel auf das Leben im Unternehmen. Auch dabei müssen mehrere Bedingungen zum Gelingen einer Sache erfüllt sein. Schon das Fehlen eines einzelnen Faktors kann zum Scheitern führen. Dieses Prinzip geht auf den Roman ‚Anna-Karenina' von Tolstoi zurück und nennt sich deshalb ‚Anna-Karenina-Prinzip'. In dem Roman bezieht Tolstoi dieses Prinzip auf Familien. Verallgemeinert könnte man es so ausdrücken:

- Erfolg hat viele Faktoren, die alle stimmen müssen.
- Für einen Misserfolg braucht es nur einen Faktor, der nicht stimmt.

Es gilt also immer wieder herauszufinden, wo der Schuh drückt."

Wo drückt der Schuh?

„Wie wollen Sie herausfinden, wo der Schuh drückt?", hakt der Arzt nach. „Wir führen mit einem repräsentativen Mix von Mitarbeitern aller Ebenen weitere Gedankenspiele durch", antwortet der Geschäftsführer. „Und zwar so:

- Die Mitarbeiter stellen sich vor, wie es wäre, wenn die Vorgesetzten über Nacht perfekt würden.
- Die Vorgesetzten stellen sich vor, wie es wäre, wenn die Mitarbeiter über Nacht perfekt würden.

- Das gleiche Gedankenexperiment machen auch die Mitarbeiter und die Führungskräfte wechselseitig."

„Das ist eine gute Idee", erwidert der Arzt. „Gedankenspiele sind ein wichtiges Instrument der Reflexion. Sie zeigen Ihnen auf, wo Sie durch eigenes Verhalten zu Ressourcendefiziten bei anderen beitragen.

So entsteht die Möglichkeit, vielfältige neue Einsichten zu gewinnen und bisher nicht gesehene Zusammenhänge zu erkennen. Die Ergebnisse der Gedankenspiele zeigen Ihnen, wo der Handlungsbedarf besteht. Der Schuh drückt am meisten dort, wo sich Antworten häufen."

Das Wissen soll wirksam werden

„Die Ergebnisse der Workshops sollten mit Ihrer Hilfe ausgewertet werden", sagt der Geschäftsführer zu dem Arzt. „Ja", sagt der Arzt, „diesen Vorschlag finde ich sehr gut. Wir verbinden das Praxiswissen der Mitarbeiter mit Einsichten aus Wissenschaft und Philosophie.

Dabei wird es aber nicht meine Aufgabe sein, Ihnen den Weg zu zeigen. Den werden Sie selbst finden. Ich sehe meine Aufgabe darin, Ihnen ein Sparringspartner zu sein mit dem Ziel, Ihr eigenes Wissen wirksam werden zu lassen." „Ja", antwortet der Geschäftsführer. „Wir schreiben uns eine Bedienungsanleitung aus den eigenen Reihen für ein gelingendes Miteinander." Zustimmend nickt der Arzt und erwidert: „Ihre selbst erarbeitete Bedienungsanleitung gewährleistet dann sowohl eine hohe Glaubwürdigkeit als auch eine hohe Praxisrelevanz für den Alltag." Dann sagt der Arzt noch, dass er sehr gespannt auf den Projektnamen ist.

Das Projekt hat einen Namen

Ilmo antwortet: „Das Projekt hat den Namen **Ein Vermögen**." „Oh", antwortet der Arzt überrascht. „Wie kommen Sie denn auf diesen Namen?" „Nun", erläutert Ilmo, „in Bezug auf das Miteinander hier im Unternehmen erarbeiten wir uns: **Ein**e **Ver**ständnisgrundlage, die **mö**glichst von allen **ge**tragen wird.

Wenn uns das gelingt, dann erarbeiten wir uns ein Vermögen. Ein Vermögen an Arbeitsqualität bei sicheren Arbeitsplätzen." „Wow", sagt der Arzt. Einen Moment später fügt er hinzu: „Sie werden einen Weg finden, dem Idealzustand eines gelingenden Miteinanders Stück für Stück näher zu kommen." Dem stimmen alle zu!

12. Markt und Menschen gerecht werden

12.1. Auf das höchste Gut einwirken

- *Ein innovatives Unternehmen*
- *Wie hat das Unternehmen das geschafft?*
- *Individuelle Lösungen anstatt allgemeiner Ratschläge*
- *Neue Perspektiven durch Zuhören*
- *Ein Projektteam wurde gebildet*
- *Was ist das Ziel?*
- *Die Mitarbeiter sind mittendrin*
- *Lachen verbindet*

Ein innovatives Unternehmen

Knapp zwei Jahre nach dem Workshop erhält der Arzt eine Einladung. Ilmos Unternehmen hat einen Wettbewerb gewonnen. Gesucht wurden Unternehmen mit innovativen Maßnahmen in der Personalarbeit. Hauptkriterien für die Preisvergabe waren:

- die Bewertung der Arbeitsatmosphäre durch die Mitarbeiter,
- die betriebswirtschaftlichen Kennzahlen.

Ein Vertreter des Unternehmens soll bei der Festrede erklären, wie das Unternehmen es geschafft hat, Markt und Menschen gleichzeitig gerecht zu werden.

Wie hat das Unternehmen das geschafft?

Der Geschäftsführer überlässt zunächst Ilmo den Vortritt. Ilmo schreitet souverän an das Rednerpult. Der Arzt sitzt in der letzten Reihe und ist gespannt, was Ilmo zu berichten hat. Mit selbstbewusst klingender Stimme und innerlich ganz ruhig beginnt Ilmo mit seiner Rede.

„Sehr geehrte, liebe Gäste!
Nach einer internen Weiterbildung hatten wir uns entschieden, ein Betriebliches Miteinander-Management im Unternehmen zu etablieren. Wir hatten erkannt: Zusammen erfolgreich arbeiten und dabei gesund bleiben, das ist das höchste Gut – für alle! Die Frage, die sich uns im Anschluss an die Veranstaltung stellte, war: Wie können wir verlässlich auf dieses wertvolle Gut einwirken?"

Individuelle Lösungen
anstatt allgemeiner Ratschläge

Ilmo fährt fort: „Wir hatten bei einem Workshop mit einem Arzt gehofft, dass dieser unsere Probleme mit allgemeinen Ratschlägen lösen könnte. Durch Beispiele des Mediziners mit gesunden und kranken Körpern haben wir aber gelernt, dass allgemeine Ratschläge wegen der Individualität der Probleme nicht wirklich weiterhelfen. Wir mussten also die Mühe auf uns nehmen, unsere eigene Situation wahrzunehmen und zu analysieren. Auf dem Weg zu einem besseren Zusammenleben kann man unterschiedlichste Maßnahmen ausprobieren. Es ist aber unmöglich, den Problemen unterschiedlicher Unternehmen mit den gleichen Maßnahmen zu begegnen, weil diese Unternehmen sich eben nicht vom selben Punkt aus auf den Weg machen. So wie das Wahrnehmen der Probleme individuell ist, so ist es auch das Finden von Lösungen."

Neue Perspektiven durch Zuhören

Ilmo erklärt weiter: „Wir führten in der Folge, wie auch schon im Workshop, Gedankenspiele durch. Diese machten sichtbar und fühlbar, was die Menschen in unserem Unternehmen in Bezug auf das Miteinander wünschen. So haben wir gelernt: Sich mit den Ergebnissen der anderen auseinandersetzten, ist eine besondere Form des Zuhörens. Durch den Blick auf die Perspektiven der anderen wurde bei allen die Sicht auf die Probleme klarer. Gewohnte Verhaltensmuster konnten so leichter in Frage gestellt werden. Verhaltensweisen, die Ursache von unnötigem Energie- und Ressourcenverbrauch und Auslöser für Konflikte sind, wurden erkennbar und dadurch vermeidbar.

Durch die Gedankenspiele setzte die Blickwinkelerweiterung beim Einzelnen an, um in der Konsequenz das soziale Miteinander Aller zu stärken und zu verbessern."

Ein Projektteam wurde gebildet

Er führt aus: „Um dieses Ziel zu erreichen, haben wir ein Projektteam gebildet. Zunächst haben wir festgelegt, wer zum Projektteam gehören soll. Der Geschäftsführer wollte unbedingt dabei sein und auch ich hatte mich dafür beworben. Schließlich waren wir sieben Team-Mitglieder aus den unterschiedlichsten Unternehmensbereichen. Danach legten wir fest, dass jedes Projektmitglied die anderen Mitglieder für jeweils einen Tag im Quartal an deren Arbeitsplatz besuchen soll. So konnte sich jeder einen besseren Überblick über die verschiedenen betrieblichen Aufgaben verschaffen.“

Was ist das Ziel?

Ilmo spricht konzentriert weiter: „Wir machten uns zügig an die Arbeit. Zuerst legten wir fest, was wir mit dem Projekt genau erreichen wollten. Unser Ziel war es, eine moderne, zukunftsweisende ‚Miteinander-Strategie‘ zu entwickeln, die führen soll zu:

- mehr Lebensqualität,
- mehr kreativen Prozessen,
- gesteigerter Arbeitsproduktivität,
- geringerer Mitarbeiterfluktuation und
- einer Senkung des Krankenstandes.

Die Mitarbeiter sind mittendrin

„Schnell waren wir uns darüber einig, dass das nur über eine Verbesserung der Zusammenarbeit miteinander und mit einem übergreifenden Verständnis füreinander gelingen kann.

Uns war auch klar, dass wir unsere Ziele nur mit allen Mitarbeitenden erreichen konnten. Die Mitarbeiter sollten das Gefühl haben, dass sie bei dem Prozess, das Miteinander im Unternehmen gelingender zu gestalten, nicht am Rande stehen, sondern das entscheidende Element sind.

Durch die Gedankenspiele haben wir sie frühzeitig mit einbezogen. So wurden sie eingeladen, ihre Perspektive einzubringen und Ideen zu entwickeln. Am Ende der Workshops, die wir in den vergangenen zwei Jahren durchführten, spürten wir dann auch immer die Bereitschaft, das Projekt mitzugestalten und dann auch mitzutragen."

Lachen verbindet

„Bei der Veranstaltung mit dem Arzt, die am Anfang dieser ganzen Entwicklung stand, hatten wir gelernt, dass gute Gefühle der Erfolgsmotor für ein gesundes und produktives Miteinander sind", erinnert sich Ilmo. „Wir hatten dabei auch viel gelacht, denn: ‚Der verlorenste aller Tage ist der, an dem man nicht gelacht hat', fährt Ilmo mit einem Zitat von Nicolas Chamfort mit seinen Ausführungen fort. „Lachen entfaltet seine Wirkung vor allem in der Gemeinschaft mit anderen. Lachen hat etwas Verbindendes und stärkt somit das Zusammengehörigkeitsgefühl.

Deshalb hatte sich das Projektteam entschieden, die Übergabe der ‚Bedienungsanleitung' mit herzhaftem Lachen zu verbinden. Nach der Auswertung aller Workshops drehten wir einen Film, bei dem die Ergebnisse der Gedankenspiele in Form von Sketchen vorgetragen wurden.

Filmtitel: Ein Vermögen

Schauspieler: Mitarbeiter des Unternehmens

einschließlich der Geschäftsführung

Dann wurden alle Firmenmitglieder zu einer feierlichen und lustigen Kinoveranstaltung eingeladen. Nach einer kurzen Einführung über Sinn und Zweck der Veranstaltung wurde unser Film ‚Ein Vermögen' gezeigt. Der Film beginnt mit Filmsequenzen, die auf lustige Art und Weise spielerisch vorführen, was einem gelingenden Miteinander im Weg steht. Danach folgt das, was ein gelingendes Miteinander ermöglicht. Weitere Programmpunkte, bei denen es um das Zusammenleben und -arbeiten in unserem Unternehmen ging, haben den Tag für die Anwesenden zu einem unvergesslichen Erlebnis werden lassen. Über das Lachen haben wir die Übergabe unserer ‚Bedienungsanleitung' mit einem guten Gefühl verbunden. Viele Mitarbeiter berichteten später, dass sie noch am gleichen Abend anfingen, sich damit auseinanderzusetzen."

12.2. Sich selbst beraten, zahlt sich aus

- *Aufsteigen, um zu sehen*
- *Dünger, um gemeinsam zu wachsen*

Aufsteigen, um zu sehen

Dann bittet Ilmo den Geschäftsführer ans Rednerpult, wo dieser mit seinen Ausführungen beginnt. „Im Verlauf des Projektes ist mir klargeworden, dass Führungskräfte nicht aufsteigen sollten, damit sie gesehen werden, sondern damit sie die anderen besser sehen können."

Im Saal ist es still und jeder lässt diesen Satz auf sich wirken. Dann fährt der Geschäftsführer fort: „Jeder einzelne von uns verfügt über einen individuellen Entwicklungshintergrund. Diesen gilt es zu erschließen und mit den Erfahrungen anderer zu vernetzen. Gemeinsam verfügen wir über mehr Wissen und Erfahrungen als alleine und gemeinsam sehen wir mehr!" Mit etwas zögernder Stimme fügt er hinzu: „Gelingt das Zusammenspiel nicht, dann ist das eine große Wachstumsbarriere für das Unternehmen! Gelingt aber das Miteinander, dann werden Austauschprozesse in Gang gesetzt, die es sonst nicht gibt. Ich zeige Ihnen am besten die wichtigsten dieser Prozesse in Bildern."

Mitarbeiter werden von ihren Vorgesetzten gestärkt und bringen sich ein – und umgekehrt

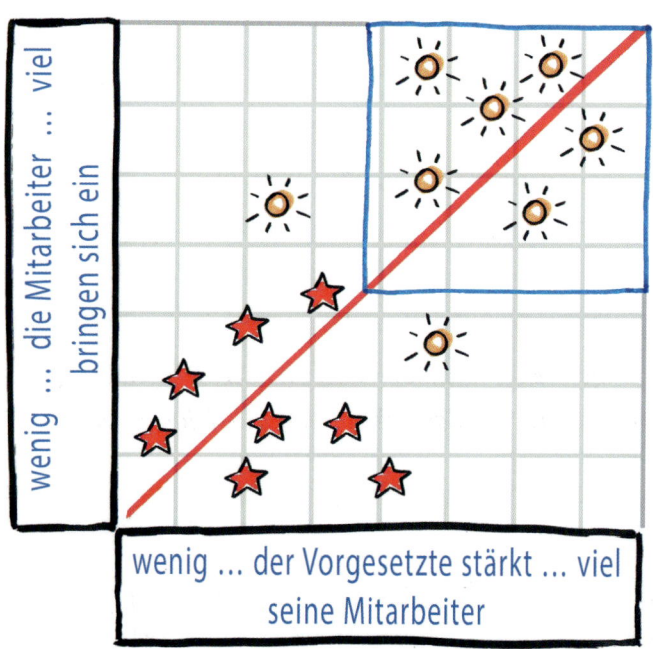

Wissen wird weitergegeben und hilft so, Lösungen zu
finden und kreative Prozesse in Gang zu setzen

Gelingendes Miteinander setzt gute Gefühle frei und
sorgt dafür, dass das Arbeiten für alle leichter wird

Dünger, um gemeinsam zu wachsen

„Genau das brauchen Unternehmen, um bei immer schneller wechselnden Umfeld-Veränderungen bestehen zu können", bekräftigt der Geschäftsführer. „Die wichtigste Produktivitätsreserve wartet in den Köpfen der Mitarbeiter und in ihrem Umgang miteinander!

Gelingt es, diese Reserven zu erschließen und zu vernetzen, dann hat man den Dünger, den Unternehmen und die Menschen darin brauchen, um gemeinsam zu wachsen."

Ilmo ergänzt: „Gute Gefühle sind wie Federn! Sie beflügeln und sind gesund." Beide verbeugen sich. Die Teilnehmer der Veranstaltung stehen auf und applaudieren. Das Unternehmen hat gewonnen, weil es gelernt hatte, sich selbst zu beraten. Mitarbeiter und Unternehmen haben begonnen, gemeinsam zu wachsen.

Literaturverzeichnis

Für dieses Buch gibt es keine Literatur, auf die ich mich explizit beziehen möchte. Das meiste Wissen resultiert aus den vielen Begegnungen mit Menschen.
Einige von ihnen möchte ich ausdrücklich erwähnen.

Ich bedanke mich bei meinen Kollegen und Kolleginnen

Dieses Buch widme ich meinen Mitarbeiterinnen. Sie tragen maßgeblich dazu bei, dass ich mich (fast) immer auf den Montag freue.

Bei meiner Kollegin Andrea und bei meinen Kollegen Gerhard, Matthias und Oliver bedanke ich mich dafür, dass sie mir mit viel Geduld die Freiräume ermöglichten, die ich für das Schreiben dieses Buches benötigte.

Bei unseren ärztlichen Assistentinnen und Assistenten bedanke ich mich für die Erfahrung, dass der Austausch zwischen Jung und Alt so belebend zum Vorteil aller sein kann.

Dank auch an:

Ines Balcik

Sie hat meine Texte sprachlich in einer Art und Weise aufpoliert und korrigiert, wie ich es nie gekonnt hätte.

Marcus Frey

Seine Bilder sind einfach grandios und bereichern mein Buch sehr!

Margaret Heckel

Sie war mir eine wertvolle Beraterin bei dem Buchprojekt, weil Sie mich offen und kritisch begleitet hat. Sie hat mich damit einerseits vor Fehlern bewahrt und andererseits inspiriert.

Matthias Uhl

Er hat mich die letzten Jahre bei meinen Projekten begleitet. Ohne seinen klugen Geist und ohne seine freundschaftliche Verbundenheit – gerade in schwierigen Zeiten – hätte mir Entscheidendes gefehlt.

Wer hat meine Blickwinkel erweitert?

Die vielen Gespräche mit meinen berufstätigen Patienten haben mir immer klarer zu der Erkenntnis verholfen, dass Gesundheit im Unternehmen ziemlich wenig mit Medizin und ziemlich viel mit dem Umgang miteinander zu tun hat.

Die Arbeit mit Studierenden, die Diskussionen in den Seminaren und die Begutachtung von wissenschaftlichen Arbeiten haben mich stets bereichert.

Bei der Industrie- und Handelskammer Wiesbaden bedanke ich mich, dass ich bei dem Projekt „GESUNDES unternehmen" dabei sein darf. Die Begegnungen mit Menschen in unterschiedlichsten Unternehmen geben mir immer wieder neue Einblicke über das Leben in Unternehmen.

Die Möglichkeit, bei Unternehmen vortragen zu dürfen, die daraus resultierenden Diskussionen und das Feedback motivieren mich weiterhin, meine Erfahrungen und Erkenntnisse in Buchform einem größeren Publikum zugänglich zu machen.

Schließlich bedanke ich mich noch bei dem Team der Yachthafenresidenz Hohe Düne. Hier hatte ich die perfekte Voraussetzung, in schöner Umgebung und in aller Ruhe das Buch zu schreiben.

Vita

Berufsausbildung

Gelernter Industriekaufmann, anschließend Abitur auf einem Wirtschaftsgymnasium

Hochschulausbildungen

Studium der Humanmedizin in Frankfurt am Main
Studium Public Health an der Medizinischen Hochschule Hannover
Studium der Philosophie in Gießen (7 Semester – noch ohne Abschluss)

Berufliche Stationen

Organisations- und Führungsverwendungen
Forschungs- und Dozententätigkeit am „Zentrum Innere Führung" in Koblenz
Langjährige Tätigkeit in der Internationalen SHAPE-Healthcare-Facility

Aktuelle Tätigkeit

Mitinhaber einer Gemeinschaftspraxis
Durchführung von präventivmedizinischen Programmen mit Führungskräften
Beratung beim Aufbau eines „Betrieblichen Miteinander-Management"
Keynote Speaker, Gastvorträge und Lehraufträge an unterschiedlichen Bildungsinstitutionen im In- und Ausland